MUTAUSBRUCH

SIMONE GERWERS

MUTAUSBRUCH
DAS ENDE DER ANGSTKULTUR

MIDAS

Mutausbruch
Das Ende der Angstkultur

© 2021 Midas Management Verlag AG
ISBN 978-3-03876-531-8

Lektorat: Dr. Friederike Römhild, Berlin
Layout und Typografie: Ulrich Borstelmann, Dortmund
Illustrationen: Johanna Christlieb, Lüneburg
Cover: Agentur 21, Zürich

Alle Rechte vorbehalten. Die Verwendung der Texte und Bilder, auch auszugsweise, ist ohne schriftliche Zustimmung des Verlages urheberrechtswidrig und strafbar. Dies gilt insbesondere für die Vervielfältigung, Übersetzung oder die Verwendung in Seminarunterlagen und elektronischen Systemen.

Midas Management Verlag AG, Dunantstrasse 3, CH 8044 Zürich

*Für meine geliebten Großeltern,
ihr habt mir Mut gelehrt und vorgelebt, dass
ohne seine Essenz die Liebe, alles nichts ist.
Dafür bin ich Euch von Herzen dankbar, denn
dieses Wissen trägt mich durch mein Leben.*

INHALTSVERZEICHNIS

Einleitung:
Warum wir öfter einen Mutausbruch haben sollten! 9
»German Angst« 12
What if? 17

1 Am Anfang war der Mut: Mut als Zukunftskompetenz 19
Angeschnallt durch die Waschanlage:
Stillstandsfaktor Sicherheitsdenken 22
Sie können alles schaffen: Die Erfolgslüge 35
Im Land der Angsthasen – Wenn sich keiner mehr traut 43
Tabubruch Scheitern: Vom Mut zum Verfehlen 53
Zu rasant, zu digital, zu komplex:
Zukunft wird aus Mut gemacht 55

2 Von Mut & Mutausbrüchen – Sichtweisen 63
Die verschiedenen Spielarten des Mutes 64
Was ist eigentlich Mut? 73
Mutlos ausgebremst. Mutbremsen auf der Spur 89
Mutrezepte: ein paar Tipps 93
Alles nur in meinem Kopf:
mein Mut, dein Mut oder kein Mut 94
Mut zum *Change* verstehen:
Das Konzept psychologischer Veränderung 96

3 Wie geht eigentlich Mut? 103
So geht Mut: *Change* – Das Mindset für mehr Mut 106
Das Prinzip Reflexion: Mutquellen, die Essenz des Mutes 112
Das Prinzip Mutanstiftung: Encourage 182

4 Anstiftung zu einer Mutkultur – Mut als gesellschaftliche Vision 187

Mutig durch die Krise 189
Wir brauchen keine Helden! Ein Hoch auf den Alltagsmut 195
Mut in Management und Führung:
Vom Ego-Trip zu einem agilen Teamwork 196
Gescheiter(t) bin ich schon:
Eine Absage an das Fehlermanagement 202
Mut-Talk – mutig kommunizieren 207
Vom Mut, Erfolg und Arbeit neu zu denken 210
Aus der Reihe tanzen: Ich trau mich einfach 212
Infektionsgefahr:
»Mutausbrüche«, das Projekt zur Anstiftung zu mehr Mut ... 214
Mutanstifter im Interview 216

Schluss: #whatif? – »German Mut« oder Mut als Haltung ... 227

Danke sagen macht glücklich 231

Bibliografie 233

Anhang 235

EINLEITUNG

WARUM WIR ÖFTER EINEN MUTAUSBRUCH HABEN SOLLTEN!

*Ich setze meinen Fuß
in die Luft und sie trägt.
(nach Hilde Domin)*

Mut ist der Anfang von allem. Mit Mut fangen die schönsten Geschichten an, sagt man. ... doch nicht nur die schönen.
»Es ist ein Karzinom«, höre ich die Ärztin, neben mir auf dem Stuhl sitzend, sagen. Und dann ergänzt sie ganz schnell, »aber zum Glück ist es nur ein kleines.« »Aber?« Plötzlich bin ich hellwach und mir schießen sofort mindestens 1000 Gedanken gleichzeitig durch meinen Kopf. Karzinom? Ich? Warum? War das mein Leben? Soll es etwa jetzt schon zu Ende sein? Mein Herz rast. Ich habe doch noch so viele Pläne, mit meiner Familie und beruflich, viele großartige Projekte fallen mir ein ... das Leben ist doch gerade so schön und ich bin neugierig auf mehr ... Gedankenfetzen. Ich gehöre zu den Menschen, die mit Tatendrang und mit großer Leidenschaft ihr Leben in die Hand nehmen. Zumindest war es bis jetzt so. Auf einmal fühlt sich alles unwirklich an. Die Ärztin hält ein Modell in der Hand und erklärt mir etwas zur Lokalisation des Tumors und zu der Art des geplanten Eingriffs. Ich höre sie sprechen, kann aber nichts davon aufnehmen. Nichts. »Am besten kommen Sie gleich morgen zu

den Voruntersuchungen, dann verlieren wir keine Zeit.« Keine Zeit, hallt es noch lange nach, und ich gehe zum Ausgang der Klinik. Richtig, ich habe keine Zeit. Nein, ich hatte keine Zeit, verbessere ich mich selbst. Zumindest glaubte ich das, bis zu diesem Moment. Mein Terminkalender ist gut gefüllt, vielleicht auch zu gut gefüllt. Gestern, morgen, heute und in diesem Moment sind alle Termine plötzlich unbedeutend. Das Heute hat mich eingeholt, einfach so und ohne Vorwarnung. Wie gemein, denke ich. Als ich ins Auto steige, spüre ich sie überall: Angst. Ich habe Angst, und was für eine! Es ist das Gefühl, keinen Boden mehr unter den Füßen zu haben. Noch im Auto rufe ich meine Mutter an. Zugegeben, im Moment fehlt mir auch der Mut, meinem Mann diese Nachricht am Telefon zu übermitteln. Außerdem ist er montagmorgens immer im Meeting. Doch bevor ich ein einziges Wort über die Lippen bringe, höre ich meine Mutter aufgeregt sagen: »Ich habe keine Zeit. Oma ist gerade gestorben. Ich rufe dich später zurück. Später. Ich habe keine Zeit.« Und wieder denke ich alles und auch nichts. Ich halte mitten in der Landschaft, durch die ich fahre, an. Alles was ich spüre, ist Leere. Da ist kein Gedanke mehr, gar nichts. Ich habe tatsächlich keine Ahnung, wie lange ich einfach nur am Straßenrand gestanden habe. Als ich zu mir komme, bemerke ich, dass mir warme Tränen über mein Gesicht laufen. Es sind die Tränen um meine verlorene Großmutter, aus Angst um mein Leben und wegen der fehlenden Zeit. Wie geht eigentlich Mut? Ja, wie verdammt noch einmal geht eigentlich Mut? Dieser Gedanke lässt mich plötzlich nicht mehr los.

Wir planen permanent, treffen schwierige Entscheidungen, arbeiten manchmal bis an unsere Grenzen, laufen dem Erfolg oder unseren Träumen hinterher und sorgen uns um die Zukunft. Und dann gibt es Situationen, die für ein heftiges Erwachen sorgen. Ja, das Leben findet im Heute statt, und es gibt Dinge, die wir nicht beeinflussen können. Das Leben läuft eben nicht nach Plan. Nicht, dass dies nun die großen Unbekannten wären, doch so ein Crash ändert plötzlich alles. Die alten Spielregeln gelten nicht mehr. Das ist ein *Change* auf die harte Art und Weise. Ich fühle mich in diesem Moment auf mich zurückgeworfen und irgendwie allein. Mutlos.

Change ruft es doch andauernd aus allen Richtungen: im Leben, in unserem beruflichen Alltag, in Unternehmen, in der Gesellschaft. Mit der Fähigkeit, sich zu verändern, müssen wir uns mutig durch unwägbares Gelände manövrieren. Wir sind auf der Suche nach dem, was wir Erfolg nennen, Erfüllung, Glück oder auch Sinn. Egal welchen Lebenssinn, welches Unternehmensziel oder welchen Traum wir verfolgen, wir laufen planvoll ins Ungewisse. Es gibt keine Gewissheit über den Ausgang unserer Vorhaben. Nie. Veränderungen können wir nicht voraussagen und nicht planen, doch wir können an ihnen wachsen.

Wir müssen es nur wollen, sagt man. Es ist Zeit, sich von einer derartigen Pseudo-Motivation zu verabschieden und zu lernen, das anzunehmen, was ist. *Change* ist das einzig Beständige! Und das ist keine Floskel, sondern ein Fakt. Es ist wichtig, sich der Veränderung und der Ungewissheit, die jede Veränderung in sich trägt, mutig zu stellen, sie in allen Facetten zu leben. Als ich vor 3 Jahren begann, mich tiefer mit dem Thema Mut auseinanderzusetzen, hatte ich keine Ahnung, dass ich einmal in die Corona-Krise »hineinschreiben« würde. Diese Zeit der Krise betont vieles von dem, das ich mit für uns alle erfahrbaren Beispielen anspreche. Allein unser Mut wird uns durch die Gegenwart in die Zukunft führen, sicherer aber wird das Leben nicht, ganz gleich, ob es durch einen Virus oder einen anderen nicht aufzuhaltenden Wandel verändert wird.

Am Anfang war der Mut ... doch wie geht Mut eigentlich? Das ist die Ausgangsfrage, die mich 2015 angetrieben hat. Zu dieser Zeit war ich bereits 51 Jahre alt und hatte das Gefühl, angekommen zu sein. Doch nun stellte mir das Leben neue Fragen, und ich hatte keine Antworten, ich fühlte einzig eine große Unsicherheit. Ich wollte begreifen, was es ist, das uns wagen lässt, ins unbekannte Neue zu gehen oder die Dinge zu akzeptieren, die wir nicht ändern können. Und ich wollte wissen, wie wir diesen Mut weitergeben können, wie wir uns gegenseitig mit Mut anstecken können. Ich habe seit dieser Zeit eine Vision! Der von mir sehr geschätzte Helmut Schmidt mag es mir verzeihen, dass ich ihm widerspreche: Ich glaube nicht, dass Menschen mit Visionen zum Arzt gehen müssen. Ich träume vielmehr davon, dass wir es schaffen, Ängste und überhöhte Sicherheitsbedürfnisse loszulassen und unsere Zukunft souverän zu gestalten. Meine Vision ist es, unserer »German Angst« den »German Mut« entgegenzusetzen. Diese Vision ist kein Hirngespinst geblieben, sondern Wirklichkeit geworden. Mein Projekt »Mutausbruch« soll anstecken und soll uns Menschen ins TUN bringen. Also: WIE geht eigentlich Mut?

Dieses Buch ist eine Einladung, Erfolg im beruflichen und im privaten Leben anders zu denken und neue Denkräume zu eröffnen. Oder besser: Es ist eine Aufforderung, aus der Reihe zu tanzen und Mut für eine Zukunft zu entwickeln, die lebenswerter ist, als wir uns vorzustellen trauen. Ich möchte Sie anstiften, mutiger zu sein, etwas zu wagen und sich gerade in unstabilen Zeiten mit der Kreativität und der Kraft des Lebens zu verbinden. Nur so können wir auch andere Menschen mit Mut anstecken. Wie das gehen kann? Meine Impulse und die der vielen anderen Mutanstifter, die in diesem Buch zur Sprache kommen, sind ein Anfang. Das Buch ist keine Bedienungsanleitung zu mehr Mut, es lädt aber dazu ein, Mut in Zeiten des Wandels mit-, weiter- und anders zu denken und sich privat, aber auch gesellschaftlich, d.h. in allen seinen Rollen und Beziehungen, zu reflektieren: als Individuum, als Familienmitglied, als Kollege oder als Vorgesetzter, als Arbeitgeber oder als Arbeitnehmer.

»German Angst«

So viel ist sicher, nämlich das gar nichts sicher ist. Das ist kein guter Anfang? Lassen Sie uns gemeinsam umdenken: Was ist das für eine Welt voller grandioser Möglichkeiten, in der wir leben! Wenn wir uns umschauen, scheint nahezu alles möglich zu sein. Alles ist im Wandel begriffen: Altbekannte Strukturen verschieben sich, gleichzeitig lösen sich Grenzen und Begrenzungen auf, Machtverhältnisse verändern sich und Wahrheiten, die klar gesetzt schienen, verkehren sich plötzlich in ihr Gegenteil. Nichts bleibt wie es ist, alles wird anders. In diesem Prozess eines permanenten Wandels lösen sich aber auch gleichzeitig die uns vertrauten Sicherheiten auf, einfach so. »Nichts in dieser Welt ist sicher, außer dem Tod und den Steuern.« Das hat bereits 1789 Benjamin Franklin festgestellt. Er hat Recht. Es ist die einzige Wahrheit, die tatsächlich Bestand hat: Die permanente Veränderung ist und bleibt sicher. Das ist ein Gemeinplatz und kein wirklich neues Geheimnis. Dennoch tun wir gern so, als ob das Leben endlos in seinem alten und bekannten Trott weitergehen wird. Vielleicht leben wir aber diese Illusion auch, um die vielen Veränderungen überhaupt aushalten zu können und nicht in Angst oder Panik zu verfallen. Alles entwickelt sich mit der Zeit weiter, alles wird anders, endet und wird wieder neu. Alles scheint möglich, nichts ist sicher. Aus unserer Wahlfreiheit ist eine Wahlnotwendigkeit geworden. Das ist der Preis der Freiheit. Damit ist klar, das Leben ist nicht nur ungewiss, es ist auch gefährlich. Wir müssen uns zwei unumstößliche Fakten bewusst machen:

1. Sicherheit ist eine Illusion.
2. *Change* ist ein Gesetz.

Wir erleben, dass mit dem wissenschaftlich-technischen Fortschritt, der Digitalisierung, der Globalisierung und der Agilisierung in unserer Gesellschaft Veränderungen in ganz neuen Dimensionen stattfinden. Nicht nur gefühlt verändert sich alles rasanter und drastischer als jemals zuvor. Oft passieren diese Veränderungen nicht nur bedeutend schneller, als sie uns tatsächlich lieb sind, sondern sie können auch sehr schmerzhaft sein. Gerade ist uns etwas vertraut und lieb geworden, wir haben uns daran gewöhnt, haben eine Routine entwickelt, die uns wohlig in Sicherheit wiegt, schon heißt es wieder aufs Neue: *Change*. Was gestern noch Wahrheit war, ist heute bereits überholt und altbacken wie die Brötchen vom Vortag. Wie sollen wir uns in dieser neuen, so unbeständigen Welt überhaupt noch zurechtfinden? Auf welcher Basis können wir sichere Entscheidungen treffen? Und wie können wir uns noch sicher fühlen? Und warum eigentlich sicher? Dass uns Menschen Veränderungen in der Regel Angst machen, wird nur selten ausgesprochen. Darin liegt, wenn Sie mich fragen, schon der erste Fehler. Es wird Zeit, dass wir das Konzept »Sicherheit« infrage stellen oder zumindest differenzierter betrachten. In Unternehmen werden Mitarbeiter zum Beispiel als »Widerständler« beklagt, wenn sie im X. Change-Prozess nicht vor Freude im Kreis hüpfen. 9 von 10 Managern gehen mit Angst zur Arbeit. Das hat eine Langzeitstudie der Fachhochschule Köln bereits im Jahr 2000 herausgefunden. Angst ist allerdings kein Thema in öffentlichen Diskussionen. *Leader*, die Angst verspüren? Wo kämen wir denn da hin! Angst ist das stärkste Tabuwort im Alltag eines Managers. Im Vordergrund steht dabei die Angst vor Fehlern und dem daraus resultierenden Imageverlust. Wir Menschen sind nicht zum Heldentum geboren, sondern tatsächlich eher Bewahrende statt Veränderungswillige. Uns wohnt ein hoch ausgeprägtes Sicherheitsdenken inne. Das ist stammesgeschichtlich im ältesten Teil unseres Gehirns, dem Stammhirn (auch Reptiliengehirn genannt), so angelegt. Im modernen Menschen steckt noch heute viel Steinzeit! Von wegen, die Dinge einfach mal anders machen, wenn sich doch sowieso alles ändert? Weshalb nicht etwas Neues wagen, etwas ausprobieren? Von »einfach« kann keine Rede sein. Es ist Mut gefragt. Apropos Steinzeit: Überlebt haben nicht die Mutigen, sondern die Menschen, die vordergründig sicherheitsorientiert waren. Das wird den meisten Menschen logisch erscheinen. Insofern lieben die wenigsten Menschen Veränderungen und schon gar nicht am Stück. Wir nehmen Veränderungen oft einseitig als Bedrohungen wahr. Sicherheit ist unser fundamentales oder sogar fundamentalstes Grundbedürfnis. Warum ist das so? Unser Gehirn ist stets und ständig dabei, Gefahren zu scannen. Es sieht tatsächlich immer zuerst das Negative, denn es will unser Leben schützen. Es geht darum, die Art zu erhalten und Reproduktion zu ermöglichen. Das

Bedürfnis der Sicherheitsorientierung steht damit auch für die Kontrolle über unser Leben. In Angst können wir das Neue weder hervorbringen noch leben, wir können es nicht einmal denken. Angst lässt unseren Fokus und damit all unsere Energie auf den Kampf, die Flucht oder das Sich-tot-stellen ausrichten. Diese alten Strategien passen allerdings inzwischen gar nicht mehr zu den modernen Gefahren unseres Alltags. Weder auf dem Flur unseres Büros noch im Gebüsch unseres Gartens lauert ein gefährlicher Säbelzahntiger. Vielmehr erliegen wir dem Druck der permanenten Erreichbarkeit, der Erwartung, immer jetzt und sofort – auch schwierige oder komplexe – Entscheidungen treffen zu müssen, Kundenbedürfnissen gerecht zu werden, die sich am schnellen Markt orientieren, an unserer eigenen und der gesellschaftlich konditionierten Omnipotenz ... und so weiter. Der Homo Sapiens wäre aber nicht der weise, gescheite, verstehende Mensch, wenn er inzwischen nicht völlig neue Strategien entwickelt hätte. Sicherheitsstrategien wie Perfektionsstreben, Prokrastination, Macho-Gehabe und Widerstand sind letztlich nichts anderes als moderne und angepasste Abwehrstrategien gegen die Angst. Leider sind es keine zielführenden Strategien, die unser Agieren im Wandel befördern. Es sind schlichtweg Vermeidungsstrategien und damit Adaptionen von Flucht. Es sind Strategien gegen die Angst. Als Unternehmensberaterin habe ich vielfach beobachten dürfen, wie schwer es Unternehmen oft fällt, sich auf Veränderungsprozesse einzulassen. Je größer ein Unternehmen ist, je komplexer die Sachverhalte erscheinen, desto schwerfälliger gehen Veränderungsprozesse voran. Es ist ähnlich wie beim Bergsteigen. Schritt für Schritt wird abgesichert. Man geht nur so weit man sehen kann. Nur nicht verfehlen! Diese über Jahrhunderte konditionierte Sicherheitsmaschinerie lassen wir uns heute viel Zeit und viel Geld kosten. Sicher ist halt sicher!

Keine Abenteuer, keine Kreativität, keine Innovationen. Was wäre, wenn wir dieses hohe Aufkommen an Energie für unsere überhöhten Sicherheitsbestrebungen stattdessen für unsere Veränderungen nutzen würden? Was wäre dann alles möglich? Aus dem Grundgefühl der Angst erwächst kein entschiedenes Vorwärtsgehen, kein lösungsorientiertes Agieren oder Experimentieren. Es wird Zeit, diese lähmende Angstkultur zu durchbrechen. Der Existenzphilosoph Søren Kierkegaard sieht deshalb im Aushalten von Unsicherheit ein wichtiges Merkmal für ein erfülltes Leben. Das Gefühl von Unsicherheit auszuhalten, ist die Währung unseres Mutes. Es ist naiv und illusorisch zugleich, zu glauben, wir könnten alte Ufer verlassen und neue Kontinente entdecken, ohne Unsicherheit zu erfahren. Absicherung und Vermeidung durch »Unsicherheitstoleranz« zu ersetzen, wäre in jedem Fall eine unseren Mut stärkende Maßnahme, wenn sich alles ändert und die Welt in ihrer Komplexität dennoch nach Orientierung verlangt. *What if?* Was wäre, wenn?

Viele Menschen »verweilen« in einem Leben, das sie nicht lieben. Das liegt daran, dass wir nur einen Bruchteil unserer Möglichkeiten ausschöpfen. Und dies trotz unserer vielen Freiheiten. Die größten Hemmnisse liegen dabei nicht im Außen, sondern in uns selbst. Die Frage *What if?* lässt uns über den Tellerrand schauen, über unreflektierte Gewohnheiten, automatisierte Routinen und unsere Angst vor der Zukunft hinaus. Der Schlüssel zur Veränderung liegt folglich in uns selbst. Wann haben Sie sich zum letzten Mal getraut, sich diese Frage ganz bewusst zu stellen? Übrigens:

Wenn unsere Vorfahren es nicht
gewagt hätten herabzusteigen, dann
würden wir tatsächlich noch immer
in den Baumkronen wohnen.

What if?

- Was wäre, wenn wir Erfolg ganz neu denken?
- Was wäre, wenn wir das Scheitern enttabuisieren und als Normalität auf dem Weg zur Erschließung von Komplexität akzeptieren?
- Was wäre, wenn Unternehmen eine Fehlerkultur leben, die Innovation und Kreativität befördert und ein Lernen mit Freude ermöglicht?
- Was wäre, wenn wir uns experimentierfreudig trauen, Wagnisse für die Dinge einzugehen, die für uns wirklich wichtig sind?
- Was wäre, wenn wir unseren Inspirationen und unserer Neugier folgen und Neuland betreten?
- Was wäre, wenn wir uns für *Change* begeistern, unsere Gestaltungslust wecken lassen und damit unsere Angststarre und unser Sicherheitsdenken ersetzen?
- Was wäre, wenn wir statt einer Opferhaltung Selbstverantwortung übernehmen?
- Was wäre, wenn wir unseren Fokus auf ein »Warum nicht!« statt auf ein »Geht nicht, weil...« oder »Ja, aber...« richten?
- Was wäre, wenn wir unsere Lebensträume und Visionen leben?
- Was wäre, wenn wir unsere »German Angst« gegen eine Mutkultur austauschen?

Dazu müssen wir den Sicherheitsgurt lösen, mit dem wir uns selbst angeschnallt haben. Ich wünsche mir, dass dieses Buch ein erster Schritt auf Ihrem Weg zu mehr Mut ist. Unser Mut wird letztendlich entscheiden, in welcher Zukunft wir leben. Denn: »Wer nichts wagt, der ist tot.«[1]

---

[1] Vasek, Thomas, Hohe Luft, Philosophie-Zeitschrift, Ausgabe 6, 2013, S. 21–26.

Ein Hinweis sei mir vorab gestattet, dieses Buch hat Folgen und sicher auch Nebenwirkungen: Eine Mutkultur, d. h. die Lust auf Veränderung, auf mehr Lebensfreude und auf echten Erfolg. *Man sollte viel öfter einen Mutausbruch haben!* ... und warum eigentlich nur einen? Denn mit Mut fangen bekanntlich die schönsten Geschichten an!

Herzlich willkommen!

Simone Gerwers

KAPITEL 1

AM ANFANG WAR DER MUT: MUT ALS ZUKUNFTSKOMPETENZ

Das Geheimnis des Glücks ist die Freiheit.
Und das Geheimnis der Freiheit ist der Mut.
(Perikles)

Change und schon wieder *Change*: Vertraute Sicherheiten lösen sich immer wieder auf. Mit einem neuen Blick auf diese Veränderungen sind den Möglichkeiten keine Grenzen gesetzt. Disruptionen sind schöpferische Zerstörungsprozesse und als ein innovativer Antrieb zu verstehen. Die Idee des Neuen ist am Ende größer als alle Bedenken und alle Ängste, die im Moment der schöpferischen Zerstörung ausgelöst werden. So war es auch in Peters Geschichte. Der Unternehmer Peter Kowalsky gilt als *der* Getränkepionier in Deutschland. Mit seiner Erfindung der Bionade gelang ihm in den 90er Jahren eine der ganz großen Innovationen in der Getränkeindustrie. Heute ist das Getränk längst zu einem Kultgetränk geworden. Was die wenigsten wissen, hinter seinem Erfolg lagen lange Jahre des intensiven Experimentierens. Getragen hat ihn und sein Team in dieser langen Zeit, so beschreibt er es selbst: Zuversicht. Viele seiner Freunde fragten ihn damals: Was macht ihr da eigentlich? Treue Mitarbeiter verließen mutlos die Brauerei und suchten sich einen neuen Arbeitsplatz. »Eine tiefe innere Überzeugung hat uns dennoch weitermachen lassen, ganze 10 Jahre Unsicherheit. Außerdem waren wir von der Grundidee getragen, dass man nicht scheitern kann, wenn man bei seinen Werten bleibt.« (Peter Kowalsky im Interview für den Mutausbrüche-Podcast). In unsicherem Gelände zu agieren, gehört nach wie vor für Peter Kowalsky zum Prozess des Erschaffens. Dahinter steht der Grundsatz: *Wenn man das Scheitern nicht als Möglichkeit in Betracht zieht, dann kann man nicht aus der Vielfalt der Möglichkeiten schöpfen.* Diese Aussage ist die alles entscheidende Haltung erfolgreichen Unternehmertums und allen Beginnens. Das Neue kann nur aus dem ergebnisoffenen Experiment, aus Verirrungen und Momenten des Scheiterns entspringen, eben weil es in dem Moment der Veränderung in seiner Gestalt noch nicht definiert werden muss bzw. definiert werden kann. Alles andere entspräche einem stupiden Anvisieren bekannter Ziele, also nur eine Wiederholung des Alten. Sicherheit bringt uns nicht vorwärts.

> *Möglichkeiten wahrzunehmen,*
> *geht nicht, ohne sich auszuprobieren*
> *und Wege zu gehen, die noch*
> *niemand vor mir gegangen ist.*

Viele Unternehmer sagen in meinen Beratungsgesprächen immer wieder, es könne so nicht weitergehen. Sie müssten etwas verändern, aber was genau und wohin die Reise eigentlich gehen solle, dass wüssten sie nicht. Es scheint, es ist der Preis, den wir an unsere VUKA-Welt zahlen. Eine Welt, die von **V**olatilität (Unstetigkeit), **U**nsicherheit, **K**omplexität (Verflochtenheit) und **A**mbiguität (Mehrdeutigkeit) gekennzeichnet ist.

Eine neue Kompetenz ist gefragt, der Mut zum Kontrollverlust. Schnell kommen Fragen auf: Weshalb etwas ändern, das sich bewährt hat? Warum darf es nicht so bleiben, wie es ist? Müssen wir das Rad noch einmal neu erfinden? Ist denn das Alte gar nichts mehr wert? Sind Routinen nicht das, was unser Leben einfacher macht? Ist neu wirklich immer besser? *Change* nervt. In dem Moment, wo wir uns solche Fragen stellen, stellen wir uns dem Unbe-

Die Vuka-Welt

volati	ungewiss
komplex	ambig

kannten unmittelbar. Nein, der Mensch ist nicht von Natur aus veränderungsbereit. Er ist bequem. Hand aufs Herz ... wer kennt das nicht? Die Komfortzone ist unser liebster Lebensraum. Vom Sofa aus scheinen wir uns in Sicherheit wiegen zu können. Doch das ist ein fataler Irrtum! So manches Sofa ist tatsächlich gar nicht so sicher, wie wir glauben. Veränderung ist nicht nur ein Akt, welchen wir aktiv anstoßen. Die meisten Veränderungen passieren einfach und wir können uns ihnen nicht entziehen. Es ist fatal, wenn wir nicht agieren, sondern nur reagieren, oder gar hoffen mit den Erfahrungen von gestern das Neue zu gestalten. Machen wir uns also in jeder Situation bewusst, ob wir selbst gestalten oder ob wir von etwas oder von jemanden gestaltet werden. Entscheiden Sie selbst: Couch-Potatoe oder Gestalter? Wenn Sie sich nicht leicht entscheiden können, dann hat das einen Grund, der sowohl privat als auch öffentlich in den meisten Fällen tabuisiert wird: Angst. Das Vermeiden der selbstbestimmten Handlung ist die Angst vor dem Neuen, vor der undurchdringbar scheinenden Komplexität, verbunden mit der Angst, Fehler zu machen, zu scheitern. Sicherheit anzustreben, das Alte mit aller Kraft bewahren zu wollen, statt sich dem Neuen zu stellen ist jedoch bei Weitem anstrengender als wir glauben. Doch es ist die Lieblingsdisziplin der Deutschen. Nicht umsonst ist die Wortschöpfung »German Angst« eine international gängige, die keiner Übersetzung bedarf. Doch Angst ist bekanntlich nicht nur ein schlechter Berater, sie lähmt und raubt uns im wahrsten Sinne des Wortes unsere Kraft. Was für eine Verschwendung von Lebensenergie! Diese menschliche und besonders für Deutschland typische Angstnatur ist ein wichtiger Grund, weshalb wir uns mit Innovationen hierzulande nicht leichttun. Bemerkenswerterweise liegen wir laut dem »Global Innovation Index 2019« zumindest auf Platz 9 (Platz 1 Schweiz, Platz 2 Schweden, Platz 3 USA). Ja, Deutschland gilt als das Land der Angsthasen und es klingt beinahe lustig, auch wenn es das nicht ist. Mut und Handlungsfähigkeit sind eng miteinander verbunden. Zukunftsgestaltung ohne Mut ist unmöglich. Es ist fünf vor zwölf. Es wird deshalb höchste Zeit, umzudenken. Dringender Aufruf: Bitte abschnallen! »German Mut« ist gefragt!

Angeschnallt durch die Waschanlage: Stillstandsfaktor Sicherheitsdenken

Wer angeschnallt durch die Waschanlage fährt, der braucht vom Leben keine allzu großen Abenteuer zu erwarten.
(Unbekannt)

Sicherheitsdenken war in der Vergangenheit ein bewährter Erfolgsfaktor. Auf dieser Basis hat sich Deutschland seit Beginn des Maschinenzeitalters einen guten Namen gemacht. Wenn es um Qualität, Stabilität und Verlässlichkeit geht, stehen wir international immer noch ganz vorn. Daraus ist über Jahrzehnte unsere große Wirtschaftskraft erwachsen. Doch irgendwie passt dieses auf Sicherheit ausgerichtete Handeln plötzlich nicht mehr in die neue, sich schnell wandelnde Welt. Meine Großmutter hätte gesagt, der Zug sei abgefahren. Unser übermäßig sicherheitsorientiertes Denken ist ein Relikt aus alten Zeiten. Was gestern noch eine Kompetenz war, behindert heute als »Sicherheitssucht« unsere Wirtschaft und den einzelnen Menschen in seiner Lebensgestaltung. Gut soll es uns gehen und am besten läuft alles immer so weiter. Natürlich wissen wir, dass es nicht ewig so weitergehen

AM ANFANG WAR DER MUT: MUT ALS ZUKUNFTSKOMPETENZ 23

wird, doch wir sind Meister im Verdrängen. Alles fließt, alles ändert sich. Wellenförmig, so wie die zyklische Gesetzmäßigkeit von Krise und Aufschwung verläuft auch das Leben. Nichts wird uns garantiert, Gesundheit, Wohlergehen, Anerkennung, Erfolg, Liebe … Mittlerweile gibt es Versicherungen für oder auch gegen die verschiedensten Dinge, von Krebsversicherungen bis zum Versprechen der absolut sicheren Kapitalanlage. Das Geschäft mit der Angst boomt wie nie. Wir möchten die Illusion der Kontrolle behalten und glauben sie mit einem Versicherungsschein einkaufen zu können. Für diese Kontrolle trösten wir uns außerdem mit so allerlei wie Besitz, stabilen Beziehungen und Arbeitsplätzen, festen Strukturen und dem stumpfen Fortführen von Bewährtem. Beinahe kollektiv bitten wir um Nachschlag, mehr vom Gleichem. Doch Sicherheit kann nicht nur langweilig werden, sie nimmt uns etwas Bedeutendes, unsere Freiheit. Wieviel Sicherheitsbestreben ist nun gut und wann lähmt sie uns in der Zukunftsgestaltung?

Es gibt darauf leider keine pauschale Antwort. *Sicherheit ist nämlich ein zutiefst individuelles Gefühl* und auch sie beginnt im Kopf. Unser Sicherheitsbedürfnis wird schon in kleinen Alltagssituationen sichtbar: Plane ich meine Tagesaktivitäten? Prüfe ich mehrfach, ob ich die Haustür wirklich abgeschlossen habe? Esse ich im Restaurant auch mal ein neues Gericht, oder bleibe ich bei der bekannten Lieblingsspeise? Treffe ich gern auf neue Menschen, oder bin ich lieber in einem bekannten Umfeld in meinem Lieblingskiez? Plane ich meinen Urlaub, oder reise ich gern spontan? Wie hoch muss mein Kontostand sein, damit ich ruhig schlafen kann? Lasse ich mich voller Neugier aufs Leben ein? Ähnliche Fragen stellen sich im unternehmerischen Alltag: Wie viel Freiraum bekommen meine Mitarbeiter innerhalb ihrer Aufgabenbereiche? Wie kontrollierend ist mein Führungsstil? Erledige ich gegebenenfalls wichtige Dinge lieber selbst? Wieviel Hierarchie brauchen wir wirklich? Wie hoch ist unser Planungsgrad? Die meisten Unternehmen sind nahezu Profis darin, über eine starke Führung und über eine strenge Planung eine Pseudo-Sicherheit herzustellen. Da wir aber keine Glaskugel für die Zukunft haben, ist es oft einfach nur ein ermüdender bürokratischer Prozess, der Kraft und Zeit kostet. Je mehr Planung, um so rigider ist ein Unternehmen tatsächlich. Risiken sind eben nicht durch noch exaktere Planungen zu minimieren. In sich wandelnden Zeiten wäre es nicht nur vernünftig, sondern auch schlau, die Planungstiefe gering zu halten und stattdessen beweglich zu bleiben. Das heißt, ein Unternehmer ist dann besonders verantwortungsbewusst und fortschrittlich, wenn er sich auf ein situatives, flexibles Verhalten einstellt. Die Projekte, die einer langen Planung bedürfen, sind ohnehin oft hochkomplex und sehr weit in die Zukunft gerichtet. Damit sind sie kaum planbar. Zukunftsfähig zu werden, bedeutet deshalb, sich von dem noch immer vielfach praktizierten starren *Management by Objectives* zu verabschieden. Ein *Management by Objectives* macht Pseudo-Sicherheiten zu einer festen Zielvorgabe, die nicht mehr in unsere sich schnell verändernde Welt passen. Die Zeit, unsere Zukunft nur mit Zahlen steuern zu wollen und unter Kontrolle zu bekommen, ist vorbei. Trotz dieser Tatsache wird munter weiter geplant und Zukunft durch Planung regelrecht verhindert.

Wir halten an illusorischen Sicherheiten
fest, statt mutig zu agieren.

Was uns fehlt, ist Raum für Kreativität und Gestaltung. Zukunftsfähig zu sein, zwingt uns regelrecht, Innovationen voranzutreiben. Ausprobieren funktioniert allerdings besser in selbstorganisierten, agilen Strukturen. Doch wenn man lange Zeit gut abgesichert unterwegs war, sozusagen mit Netz und doppeltem Boden, dann ist es schwer, plötzlich loszulassen und voller Neugier aus der Gestaltungsfreiheit zu schöpfen. Tschüss, Sicherheit. Für Sicherheitssüchtige mag das die Herausforderung der Zukunft sein: Raus aus der Komfortzone und mutig wagen.

Das Komfortzonendilemma

> *Wenn dir alles gelingt, was du versuchst,*
> *dann versuchst du nicht genug.*
> *(Gordon Moore)*

Mit einem Augenzwinkern bekam ich dieses Zitat von Gordon Moore von einem Freund zu hören. Die Aussage hat mich damals sehr nachdenklich gemacht, denn ich glaubte bis dahin, alles erreicht zu haben, was ich gewollt hatte. Tatsächlich gescheitert war ich meinem Gefühl nach nie. Ganz im Gegenteil, ich war erfolgreich in dem, was ich tat. Was aber war daran komisch? Auf meinem Weg hatte es einige kleine und große Mutausbrüche gegeben. Einen dieser Mutausbrüche hatte ich mit 27 Jahren, als ich als Absolventin der Wirtschaftswissenschaften nach nur 2 Jahren Berufspraxis von einem Tag auf den anderen den Job der Personalchefin für ein mittelständisches Unternehmen mit ca. 600 Mitarbeitern annahm. Ich war zu dieser Zeit eine junge Mutter und baute mit meinem Mann zusammen ein Haus für unsere Familie. Ein paar Jahre später studierte ich ein zweites Mal und zog für einen neuen Job im Personalmanagement nach Hamburg. Ich war ein sehr neugieriger Mensch und liebte Veränderungen schon damals. Veränderungen als Kern des Lebens anzusehen, entspricht meinem Grundverständnis vom Leben. Meinen rechten Unterarm ziert ein Tattoo mit einem bunten Schmetterling als Symbol für den Wandel und ein Leben in Leichtigkeit. *Change*, das ist mein Lebenskonzept. Doch die Frage, ob da vielleicht noch mehr möglich sei, als ich mir vorstellen konnte, ließ mich nicht los. Klammerte ich mich vielleicht an etwas Erreichtes, das mich schon längst nicht mehr erfüllte? Etwa 3 Jahre später bin ich aus meiner Anstellung im Management ausgestiegen und habe mich – im freien Fall – selbständig gemacht. Es hatte lange gedauert, bis ich die Augen öffnete und bereit war, die Komfortzone endgültig zu verlassen. Es war ein persönlicher Durchbruch. Mein Job war immer der gewesen, den ich machen wollte, doch wirtschaftspolitische Strukturen und betriebliche Hierarchien setzten meiner Veränderungslust viel zu oft harte Grenzen. Viel zu lange hatte ich verdrängt, wie unzufrieden und gesundheitlich angeschlagen ich war. Ich hatte in einer Karrierewelt funktioniert, ohne all die Begrenzungen zu erkennen und zu hinterfragen. Mental war dieser Schritt in die Selbständigkeit und damit in die Unsicherheit keine einfache Übung, sondern ein Sprung über meinen eigenen Schatten. Es war ein wirklicher Mutausbruch, ein Schritt in die Freiheit. Ich fragte mich auf dem Weg oft: Muss so viel Unsicherheit tatsächlich sein? Bekannte und Freunde schüttelten mit dem Kopf: »Du hättest es bequemer haben können.« »Bei diesem Gehalt in die Selbstständigkeit gehen?« »Sieh es doch als Schmerzensgeld an, andere wären froh um eine solche Position.« So oder so ähnlich waren die Reaktionen, die ich erfuhr. *Change*, schon nach kurzer Zeit wusste ich es ganz genau: Ja, es ist mein Weg. Heute bin ich von Herzen Unternehmerin und kann mir nichts anderes mehr vorstellen. Und ich übe mich noch immer darin, meinen Mut zur Unsicherheit zu leben. Dabei muss *Change* nicht immer vollkommene Veränderung bedeuten.

Change

Mut zur Veränderung	Mut zum Be-wahren
Mut zu etwas ganz Neuem	Mut zur Mischung aus be-wahren + verändern

Sicher haben auch Sie schon viele Male gehört: Geh raus, raus aus der Komfortzone! Dabei ist diese Komfortzone doch unser Wohlfühlbereich! Sie ist ein geschützter Ort, an dem wir unser Grundbedürfnis nach Sicherheit und Kontrolle stillen können und im Grunde geht es uns dort gut. Jedes Wachstum, jede Veränderung

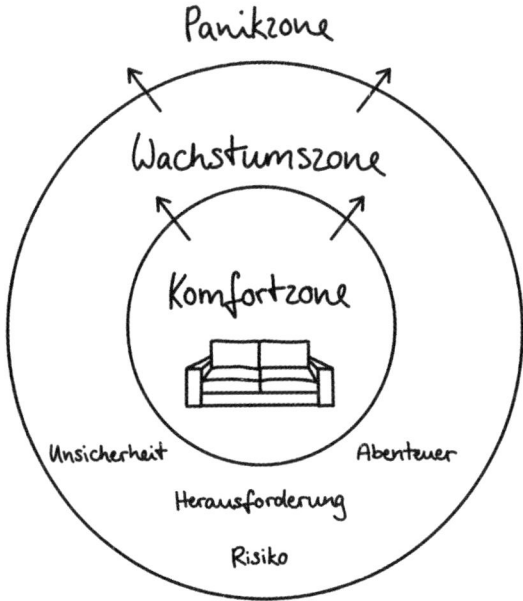

kann nur außerhalb dieses selbst gewählten Sicherheitsbereiches stattfinden. Was für ein Dilemma! Im Bereich der Komfortzone erleben wir Sicherheit und gleichzeitig hindert sie uns an der Gestaltung unserer Zukunft. Das Überschreiten dieser Grenze ist deshalb oft schmerzhaft. Wir stehen am *Gap* zwischen Neugier, Wunsch und mutigem Handeln. Wenn unsere Komfortzone also gleichzeitig ein Käfig alter Gewohnheiten, unserer limitierenden Glaubenssätze und unserer Ängste ist, brauchen wir eine große Portion Mut, um vom Sofa aufzustehen. Kaum sind wir nämlich davon runter, schon führt uns der Weg durch unwägbares Gelände. Sobald wir Gewohntes aufgeben, sind wir in einem ungeliebten Zwischenraum. Wir empfinden es als schwierig, Sicherheit loszulassen, wenn das Neue noch lange nicht in Sichtweite ist. Auf dem Weg sein, bedeutet sich Risiken auszusetzen. Dazu kommt, einmal aufgebrochen, gibt es auch meist kein Zurück mehr. Außerdem wissen wir nie, ob das Neue tatsächlich besser ist als das, was wir gerade haben. Es ist genau so wenig klar, ob wir das Angestrebte je erreichen werden. Raus aus der Komfortzone bedeutet, mutig den eingeschränkten Radius unseres bisherigen Handelns zu vergrößern. Das Schöne dabei ist, jede Überschreitung dieses *Gap*, jede Erweiterung unseres Handlungsrahmens bringt uns neue Kompetenzen, mehr Flexibilität und noch mehr Möglichkeiten. Also raus aus der Komfortzone und rein in den Mutausbruch, die Zukunft wartet. Mit ausreichend Wagemut im Gepäck reist es sich unbedingt leichter Richtung Zukunft.

Unsicherheitskompetenz, die neue Sicherheit

Wie süß ist alles erste Kennenlernen.
Du lebst solange nur, als du entdeckst.

(Christoph Morgenstern)

Unsere zivilisierte Welt hat viele Unsicherheitsfelder mit neuen Technologien – vom Airbag bis zu computergestützten Überwachungsanlagen – weggeräumt, und sie hat gleichzeitig viele neue geschaffen. Was für ein Paradox! Indem wir immer mehr Sicherheitssysteme aufbauen, machen wir Unsicherheit zu einer zentralen, gesamtgesellschaftlichen Erfahrung der Gegenwart. In Krisen, wie zum Beispiel in der Covid-19-Pandemie 2020, erleben wir Unsicherheit in einem Grad, wie wir sie seit der Nachkriegszeit nicht mehr wahrgenommen haben. Im Jahr 2020 beherrscht plötzlich ein Virus die gesamte Welt. Das hat etwas von Science-Fiction, finden Sie nicht? Ein solches Szenario haben sich »mit Sicherheit« die wenigsten Menschen von uns tatsächlich vorstellen können. Aber: Sicherheit gibt es nicht. Das Ausmaß der Pandemie ist weder in Dauer, Schwere und Folgewirkungen auf allen Ebenen abzusehen. So viel Unsicherheit überschreitet das Maß, das wir aushalten mögen und teilweise mental aushalten können. Die staatlichen Einschränkungen zur Corona-Krise haben die Menschen weltweit mit einer existentiell völlig ungewissen Zukunft konfrontiert: Worauf können wir uns noch verlassen? Worauf dürfen wir vertrauen? Wem dürfen wir Glauben schenken? Was dürfen wir hoffen? Wenn der Boden unter den Füßen schwankt und der Blick in die Zukunft verschwommen ist, dann wird es schwierig, zuversichtlich und mutig seinen Weg zu gehen. Diese Unsicherheit produziert vielfältige Kompensationsstrategien, die letztlich doch nur »Pseudostrategien« sind. Neben den Menschen, die es schaffen, auf innere Widerstandskraft bauend, sich einigermaßen ausgeglichen durch das Unbekannte zu manövrieren, fühlen sich viele Menschen ihrer Angst ausgeliefert. Die Zahl der Stress- und Angsterkrankungen sowie die von an Depressionen erkrankten Menschen steigt in Krisenzeiten massiv an. Andere Menschen sind zwanghaft diszipliniert und funktionieren, in der Hoffnung, dass es bald vorbei ist. Wieder andere leugnen vehement die Existenz der Krise und beißen sich in wilden Verschwörungstheorien regelrecht fest. Dann gibt es noch die angstbesetzten Menschen, die Demokratiefeinde, die rechts- und linksextremen Meinungsbildnern auf den Leim gehen. Sie weigern sich radikal gegen alles, was der Staat ihnen vorschreibt und pochen auf ihre Freiheit, ungeachtet der Freiheit der anderen. Solidarität, Verantwortungsbewusstsein und Gemeinschaft fallen ihrer Angst und Wut zum Opfer. Alle hier aufgeführten »Pseudostrategien« versuchen, eine Sicherheit in der Unsicherheit zu erschaffen. In einer auf Sicherheit ausgerichteten Welt haben wir es nicht gelernt, mit Unsicherheiten umzugehen. Wir sind besser darin, Sicherheit herzustellen. Doch das funktioniert in der Welt, in der wir heute leben, nur schwer. Die Fähigkeit, Unsicherheit auszuhalten, ich möchte sie »Unsicherheitskompetenz« nennen, ist eine dringende Lernaufgabe für unsere Zukunft.

Unser Denken ist viel zu sehr von der Einteilung in Gut und Böse, Schwarz und Weiß, Glück und Unglück geprägt. Es scheint leichter, etwas zu bekämpfen, zu verhindern oder Schuldige zu suchen, als Ungewissheit einfach anzunehmen und mutig zu agieren. Was uns im Tunnelblick der Angst entgeht, ist die Erkenntnis, dass dieses unsichere Terrain uns gleichermaßen die Chance auf Wahlmöglichkeiten, Neuorientierung und damit auf Erfolg und ein erfülltes Leben bietet. Als ein die Chancen Suchender brauchen wir Mut.

Übergänge

> *Der Mensch will immer, dass alles anders wird und gleichzeitig will er, dass alles beim Alten bleibt.*
> (Paulo Coelho)

Das Leben besteht aus Höhen und Tiefen. Würden wir alle nicht am liebsten nur im Höhenflug leben? Auf Schmerz, Trauer, Selbstzweifel können wir gut verzichten. Im Übergang zu neuen Situationen sind die meisten Menschen nicht nur angespannt, sie versuchen auch, sie schnell zu durchlaufen. Am schlimmsten empfinden wir die Veränderungen, von denen wir glauben oder wissen, sie seien für »immer und ewig«. Dabei spielt es keine Rolle, ob wir eine Veränderung wollen und selbst einen Schlusspunkt gesetzt haben, oder ob wir gezwungen sind, sie anzunehmen. Ob es nun der Umzug in eine andere Stadt ist, der nächste Karriereschritt, der Jobwechsel, der Verlust eines lieben Menschen oder ein Veränderungsprojekt im Unternehmen: Plötzlich kennen wir uns nicht mehr aus: Neuland. Übergänge, egal welcher Art sie auch sein mögen, bringen immer wieder Verunsicherung mit sich. Die Unternehmerin Antje Blumenbach beschreibt diese schmerzhafte Erfahrung in einem Interview, »Übergänge sind das Schlimmste. Da ist etwas vorbei und du weißt nicht, was kommt.« Antje Blumenbach wurde völlig unerwartet der Mietvertrag für ihr Geschäft Provinzperle gekündigt. Die Provinzperle war zu dieser Zeit schon längst zu einer festen Adresse für besondere Veranstaltungen, beliebte Netzwerkabende und liebevoll ausgesuchte Weine geworden. Als sie die Kündigung bekam, war sie gerade im 3. Jahr nach ihrer Firmengründung und hatte endlich das Gefühl, es geschafft zu haben. Noch dazu saß in ihrem Nacken die Verantwortung für drei Kinder und für ihre Mitarbeiter. Krisenhafte Situationen wie diese, die Antje Blumenbach erlebt hat, sind meistens von starken Emotionen geprägt: »Jetzt ist alles verloren« oder »Ich habe versagt.« Diese Emotionen be-

AM ANFANG WAR DER MUT: MUT ALS ZUKUNFTSKOMPETENZ

schreiben Endzeitszenarien: Der letzte Tag im Hörsaal, das letzte Aufwachen vor dem Auszug aus dem Elternhaus, der letzte Blick in das Gesicht eines lieben Menschen. Als ich meine Großmutter im Krankenhaus besuchte, als sie im Sterben lag, wusste ich um diesen letzten Moment. »Nie mehr« würde es ein Zusammensein geben. Ich hatte Mühe, mich zu lösen und zu gehen. In diesen Momenten möchten wir reflexartig die Zeit anhalten, einfach nicht weitergehen, festhalten. Doch das ist der ewige Lauf der Veränderung: Abschied nehmen und neu beginnen. Wir durchlaufen diesen Prozess in unserem Leben immer wieder aufs Neue. Doch an den Abschiedsschmerz gewöhnen wir uns nicht. Er ist schwer zu ertragen. Lebensübergänge sind keine leichte Aufgabe.

Wir können zwischen drei Arten von Übergängen unterscheiden: Die erste Art Übergang umfasst die erwartbaren Veränderungen. Bei einem Übergang, der erwartbar ist, gelingt es uns noch ziemlich gut, die entstehenden Unsicherheiten zu durchschreiten. Wir wussten, das Ende naht und etwas Lohnendes wartet auf uns. Das kann zum Beispiel der Umzug für einen neuen Job sein. Wir sind parat, bereiten uns vor und können uns Zeit geben, mental den Raum der Unsicherheit zu durchschreiten. Anders ist es bei der zweiten Art von Übergängen: den unvorhergesehenen Veränderungen. Unerwartete Veränderungen machen uns zunächst hilflos. Das Leben ändert sich nicht nur schnell, sondern von einem Augenblick zum nächsten. Eine Interviewpartnerin erzählte mir vom ersten Morgen nach dem plötzlichen Tod ihres Ehemannes. »Mein Leben war weg. Jeder neue Tag würde ab sofort anders beginnen, seinen Lauf nehmen und enden. Ich hatte nicht nur einen geliebten Menschen verloren, sondern mir wurde dazu meine Rolle als Ehefrau genommen.« An solchen Punkten fehlt uns von jetzt auf gleich ein Teil unserer Identität. Was folgt, ist eine große Leere, eine unbekannte Zukunft. Das ist kaum auszuhalten. Drastischer Natur sind auch andere plötzliche Übergänge wie zum Beispiel der Verlust der Gesundheit oder des Arbeitsplatzes. Einer meiner Klienten, der mich für ein Einzelcoaching aufgesucht hatte, wurde in einem betrieblichen Veränderungsprozess nicht nur plötzlich arbeitslos, sondern musste 5 Jahre früher als üblich in den Ruhestand gehen. Er beschrieb seine Situation folgendermaßen: »Es ist, als ob dir jemand die Füße unter dem Boden wegzieht und du dich in einem Leben wiederfindest, das du so nicht bestellt hast.« Er hatte, zu diesem Zeitpunkt, andere Pläne geschmiedet als in den Ruhestand zu gehen. Neben dem vollständigen Planwechsel fehlte ihm die Zeit, sich auf die neue Situation einzustellen. »Soll es das schon gewesen sein?«

Die dritte Art Übergang meint die Momente, in denen wir damit konfrontiert werden, dass etwas erwartetes nicht bzw. nie mehr passieren wird. »Ich werde nie mehr so gesund sein wie früher«, sagte mir eine weinende Klientin, die nach einem Unfall im Rollstuhl saß und ein völlig anderes Leben führen musste als vorher. Eine Interviewpartnerin erzählte mir von dem Moment, als sie die Krankenhauseinweisung zur Gebärmutterentfernung in den Händen hielt. Sie war damals gerade 33 Jahre alt und sie hatte den Wunsch Kinder zu bekommen. »Ich wollte immer eine Familie mit mindestens zwei Kindern«, sagte sie. »Alles ist und wird nun anders…« Das sind Ereignisse, wo uns die Hoffnung auf eine erwartbare Zukunft genommen wird. Alles scheint vorbei. Doch eine Haltung wie »was vorbei ist, ist vorbei« und ein schlichtes Weitermachen sind keine gute Idee, einen Übergang zu gestalten, gerade dann, wenn wir uns besonders verletzlich und unsicher fühlen. Rituale für unsere Trauer und die notwendige Akzeptanz können uns helfen, diese Phasen zu meistern, bis wir wieder einen neuen Sinn finden. Ganz gleich, ob diese Wendepunkte gewollt sind oder sie ohne unser Zutun geschehen, loszulassen ist in all seiner Schwere notwendig. Im Nachhinein werden wir mit dem Gewinn von Stärke und mit innerem Wachstum belohnt. Im Gegenzug heißt festzuhalten, die Freiheit der Veränderung einzubüßen. Doch Abschied nehmen und trauern wollen gelernt sein. Wir sind gut beraten, wenn wir ihnen die erforderlichen Zeitfenster bereitstellen. Denn mutig sein bedeutet nicht, sofort auf das nächste Ziel aufzuspringen, sondern diese Übergänge in all ihrer

Unsicherheit bewusst zu durchschreiten. Wir lassen dann das Alte bewusst gehen, entlassen etwas, lassen es frei. Wenn wir es schaffen dabei eine Haltung von Dankbarkeit zu kultivieren, wird es um einiges leichter.

Überhaupt brauchen wir mehr Mut zur Lücke, denn wir befinden uns viel häufiger in Zwischenzonen als es uns bewusst ist. Um sie leichter zu bewältigen, hilft es, neugierig zu sein. Meine Idee dazu ist, viel öfter einen Blick durch ein imaginäres Schlüsselloch zu wagen und in Vorfreude zu fragen: Was wird werden? Was kann noch alles entstehen? Die Unternehmerin Antje Blumenbach hat diese Haltung im Blut. Inzwischen sind sie und ihre Provinzperle in neue Räumlichkeiten eingezogen und zukunftsweisend aufgestellt. Die Unternehmerin hat die Chance ergriffen und den Schritt nach vorn gewagt. Ihr neuer Concept Store inklusive Co-Working Space ist ein Ort der Begegnung, Raum für weitere Gestaltungslust eingeschlossen. Wie eng die Lücke mit dem Glück verbunden ist, zeigt ein kleines Wortspiel: G(e)lück(e). Auch im Englischen »*luck*« ist der Zusammenhang zwischen Glück und Lücke sichtbar. Die Lücken und Zwischenzonen tragen also bereits das Glück des Zukünftigen in sich. Das darf uns Mut machen!

> **Mut-Quickie**
>
> Unsicherheitszonen sind wertvolle Übergangsphasen, die unser Leben ausmachen. Sie laden uns ein, stehen zu bleiben, zu atmen und den Status Quo anzuerkennen. Erst dann sollten wir uns neugierig und im Vertrauen dem Neuen zuwenden. Das Leben bietet uns ein Meer der Möglichkeiten. Wir dürfen lernen, den mutigen Sprung vom Altbewährten ins Unbekannte als Normalität und bewussten Prozess zu begreifen. Menschen und Unternehmen mit genau dieser Unsicherheitskompetenz sind nachweislich erfolgreicher und zufriedener. Sie schöpfen vertrauensvoll aus der Fülle der Möglichkeiten, experimentieren, spielen und gestalten mutig und neugierig ihre Zukunft.
>
> Fazit: Lassen Sie uns das Stabile im Leben wertschätzen und gleichzeitig immer wieder anfangen, die eigenen Grenzen aufs Neue zu verschieben. Unsicherheitskompetenz wird von der Bereitschaft zum Wandel, von Neugier und der Lust, Möglichkeiten lebendig werden zu lassen, getragen. Festhalten ist dagegen ein Mutkiller und verhindert Zukunftsfähigkeit. Unsicherheitskompetenz ist also unsere neue Sicherheit. Es ist eine Entscheidung, ob wir weiter mit angezogener Handbremse fahren oder unser Leben aktiv gestalten wollen.
>
> - Wieviel Übergang können Sie tragen?
> - Wieviel Unsicherheitskompetenz lebt Ihr Unternehmen?
> - Was brauchen Sie, um die Handbremse zu lösen?
> - Wie können Sie sich die Neugier auf die Zukunft als Unterstützerin ins Boot holen?

Sie können alles schaffen: Die Erfolgslüge

Am Mute hängt der Erfolg.
(Theodor Fontane)

Ob Digitalisierung, Globalisierung, Klimawandel ... nichts bleibt, wie es war, alles ist im Wandel. Gleichzeitig spiegelt uns eine unermüdliche »Erfolgsgesellschaft« in allen Bereichen eines wider: Erfolg ist machbar. Ob in der Social-Media-Welt, von Facebook bis Instagram oder bei YouTube, in Zeitschriften oder im Fernsehen, die Botschaft ist eindeutig: Sie müssen es nur wollen! Zunächst mag dies eine ermutigende Botschaft sein. Wenn wir ganz genau hinschauen, macht es jedoch etwas anderes mit uns: Es löst Angst aus. Die Botschaft »Du kannst alles schaffen« führt – in einer sich rasant verändernden Welt – schnell in die Falle eines Machbarkeitswahns und damit zu einem falschen Erfolgsdruck. Eine derartige Aufforderung wird mitunter zu einem verlängerten Hebel der Angst. Permanenten Erfolgsdruck erleben viele Menschen als eine Bedrohung. Wir fürchten uns, nicht gut genug zu sein, zu scheitern oder haben zumindest lähmenden Respekt davor. Dies wiederum lässt uns – paradoxerweise – unser Sicherheitsdenken und Handeln (vom Einzelnen über Unternehmen bis hin zur Gesellschaft) immer weiter ausbauen. Hier sind wir wieder: Deutschland das Land der Angsthasen. Die Redensart »Wer nicht wagt, der nicht gewinnt« hat Bestand. Erfolg fällt eben nicht vom Himmel. Doch um welche Art von Erfolg geht es da eigentlich? Was macht ihn aus, den ersehnten Erfolg? Mut folgt einer inneren Klarheit. Haben Sie schon mal über Erfolg nachgedacht?

Erfolg folgt unserem Tun

Erfolgreich sein? Erfolg war nicht schon immer Treibstoff unseres Handelns. Wann haben wir damit angefangen, erfolgreich zu sein? Zu Beginn der Menschheitsgeschichte oder auch Jahrtausende später, als sich im 18. Jahrhundert das Prinzip der Arbeitsteilung und das moderne Wirtschaftsleben des frühen Industriekapitalismus mit der Technisierung und dem Übergang von der Handarbeit zur Maschinenarbeit entwickelte, ging es für die meisten Menschen darum, menschliche Grundbedürfnisse und das Überleben zu sichern. Im Mittelalter herrschten noch die Privilegien der Geburt. Diese allein waren für die gesellschaftliche Stellung bedeutsam. Erfolg im heutigen Sinne gab es nicht. Im Laufe der Industrialisierung veränderten sich mit der gesellschaftlichen Entwicklung individuelle und wirtschaftliche Wertesysteme, die einen Leistungsbegriff herausbildeten, der Erfolg neu definierte. Hier begann eine Zeit, in der Menschen anfingen, sich an ihrer Leistung zu messen. In der Weiterentwicklung entstand ein Bild des immer potenten Leistungserbringers. Dieses Verständnis ist ein von uns selbst erschaffenes, eine Interpretation, aber keine natürliche Gegebenheit.

Leistung – Sie sind das, was Sie erreichen
Wohin man schaut, überall Siegertreppchen. Erfolgreich abnehmen, erfolgreich gärtnern, erfolgreiche Partnersuche, erfolgreich durchstarten. Es scheint, das Leben wird einzig auf die Frage nach Erfolg oder Misserfolg reduziert. Teilen wir uns tatsächlich in Sieger und Verlierer auf? Ein kleiner Rückblick: Die Leistungsgesellschaft haben wir Menschen im alten Kapitalismus des Maschinenzeitalters begründet. Mit der Industrialisierung im 19. Jahrhundert hat sich die Bewertung von Leistung grundlegend verändert. Grundsätzliche Annahmen aus dem Bereich der Physik wurden auf uns Menschen übertragen. Der menschliche Körper wurde mit einem Motor, also mit einer Maschine, verglichen. Damit wurde er zu einer Konstruktion, die zu funktionieren hat oder im Zweifel perfektioniert werden muss. Die ursprünglich gepriesene Einheit von Körper und Seele wurde getrennt. Das lässt sich auf folgende Formel bringen: Leistung = Arbeit bewertet nach Zeit. Das war der Beginn, das Ergebnis von Arbeit zu bewerten und erbrachte Leistung zu messen. Im Laufe der Entwicklung des Kapitalismus verfeinerten sich diese Theorien immer weiter und verselbständigten sich leider auch. Leistung zu erbringen, ist grundsätzlich ein gesell-

schaftlich hoher Wert und für den Einzelnen und die Gemeinschaft sinnstiftend. Doch wir Menschen haben diesen Leistungsbegriff nicht nur angenommen, sondern ihn zum Wert unserer selbst erklärt. Nicht das Erbringen von Leistung ist also das Fatale, ganz im Gegenteil. Das Problem ist, dass nicht nur die Arbeit, sondern der Mensch »an sich« gesellschaftlich über diese Leistung definiert wird. Vereinfacht ausgedrückt: Arbeitsleistung = Erfolg = Wert eines Menschen. Hat der Mensch keine Arbeit, ist er weniger wert? In dieser Gedankenwelt wird erfolgreiche Arbeit zum alleinigen Wertmaßstab für Identität. »High Potentials«, »Leistungsträger« – das Missverständnis der Selbstoptimierung ist oft ein inhaltsleerer Wille zum Erfolg und hat wenig mit Persönlichkeitsentwicklung zu tun. Das ist gefährlich, da es erstens permanenten Erfolgsdruck erzeugt und einen kaum zu bändigenden Machbarkeitswahn entfacht. Zweitens löst dieser Umstand, bei manchen Menschen das Gegenteil aus, nämlich eine angstgetriebene Handlungslähmung. Es braucht keine Fantasie, um zu erkennen, dass in einer selbstoptimierten Welt echter Wagemut wenig Chancen hat und zur Mangelware wird. Es sind deshalb genau die Menschen, die Wagnisse eingehen, die in ihrem Kopf eine andere Vorstellung von Erfolg haben.

Sie können nicht alles schaffen: Akzeptanz und Selbstwirksamkeit

Erfolg anders zu denken, bedeutet auch anzuerkennen, dass nicht alles machbar ist. Und das ist nicht schlimm. Vielleicht sagen Sie jetzt: Nein, das ist nicht meine Natur. Wenn ich etwas will, dann ziehe ich es bis zum bitteren Ende durch. Dinge zu versuchen, selbst wenn sie auf den ersten Blick unmöglich erscheinen, ist mutig. An einem Punkt zu erkennen, dass es Zeit ist, loszulassen und etwas anderes auszuprobieren, ist für viele Menschen undenkbar. Deshalb unterliegen sie der Machbarkeitsfalle. Aufgeben? Niemals! Ziele sind da, um sie zu erreichen. Erfolgreiche Menschen geben nicht auf. Mit solchen Sichtweisen auf Erfolg wird es auf Dauer schwierig und außerdem anstrengend. Diese Gedanken sind behindernde Glaubenssätze, versteckt hinter einem verfehlten Erfolgsbegriff. Zur rechten Zeit auszusteigen und umzulenken, ist nicht nur mutig, sondern eine lebensnotwendige *Change*-Kompetenz. Viele Ratgeber und Motivationstrainer propagieren Sätze wie »Sie können alles schaffen«. Derartige Formeln sollen den Ratsuchenden ermutigen, weiterzumachen und seine Kompetenzen nicht infrage zu stellen. Es nicht schaffen zu können, wird diesem Verständnis nach als ein einschränkender Glaubenssatz bewertet. Diese Verkehrung ist eine langfristig falsche Grundmotivation. Selbstoptimierende Einstellungen wie diese gefährden die mentale Gesundheit der Menschen. Grundsätzlich bleibt ein gesunder Kämpfergeist bei der Verfolgung persönlicher oder beruflicher Ziele selbstverständlich lobenswert und ist ein wichtiger Erfolgsgrundsatz wirksamer Veränderung. Es geht keinesfalls darum, bei Hürden, die sich uns in den Weg stellen, leichtfertig aufzugeben. Doch darf dies nicht auf Kosten eines selbstbestimmten Lebens gehen und uns einem übertriebenen »Erfolgsdogma« unterwerfen. Seine Willenskraft über die Akzeptanz nicht veränderlicher Dinge zu stellen, zeugt entweder von Arroganz oder von einem Mangel an Lebensklugheit. Akzeptanz ist eine Form von Lebensklugheit. Eine Regel der Achtsamkeit heißt: »Es ist, wie es ist.« Das heißt, das Leben gilt es im Hier und Jetzt zu leben und nicht zu bewerten. Das Leben wird »er-lebt«. Auch der griechische Philosoph Epiktet spricht sich dafür aus, aufzuhören das Unveränderliche ändern zu wollen. Wer Unveränderliches akzeptieren kann, geht nachweislich gestärkt aus Krisen hervor. Eine Haltung von Akzeptanz könnte man so beschreiben: »Ja, es ist geschehen. Was mache ich jetzt daraus?« Menschen, die auf diese Weise mit einer Krise umgehen, können den Kontrollverlust annehmen und einen Chancenblick entwickeln. Grundsätzlich heißt Akzeptanz des Unveränderlichen:

1. Raus aus dem Verdrängungsmodus und sich der Realität stellen.
2. Das unveränderliche Geschehen als Bestandteil des Lebens anerkennen.

3. Den eigenen Handlungsspielraum nutzen und Verantwortung übernehmen, indem Handlungsalternativen gesucht werden.

Einer Umwelt, die sich in permanenter Veränderung befindet, kann man nur mit beweglichen Zielen begegnen. Wir brauchen deshalb eine gesunde Selbstwirksamkeitserwartung. Sie basiert auf dem inneren Wissen, dass wenn wir jetzt und in diesem Fall nicht gewinnen, nicht gleich unsere gesamte Identität infrage gestellt wird: »Ich bin mehr als der Erfolg dieses Vorhabens oder dieses Ziels.« Dieser Grundsatz schützt uns vor Überidentifikation mit unseren Aufgaben und unseren Zielen. Wer Zielkorrekturen und ein Umdenken als ein Aufgeben bewertet und sich deshalb gezwungen sieht, gegen Windmühlen zu kämpfen, wird in Kauf nehmen müssen, sich zugleich einem sehr viel schmerzhafteren Lernprozess auszuliefern. Gescheitert bin ich erst dann, wenn ich Alarmsignale ignoriere oder liegen bleibe, wenn ich falle. Selbstbestimmt zu agieren, schließt die radikale Akzeptanz des Unveränderlichen mit ein. Eine endgültige Situation anzunehmen, bedeutet, unsere Gefühle anzunehmen. Hier lauert eine weitere Lernaufgabe auf uns:

1. Status Quo im *Change*: Den Einsatz von Willenskraft und Akzeptanz abwägen.
2. Vertrauen in unsere Selbstwirksamkeit entwickeln.

Gott, gib mir die Gelassenheit, Dinge
hinzunehmen, die ich nicht ändern
kann, den Mut, Dinge zu ändern, die
ich ändern kann, und die Weisheit, das
eine vom anderen zu unterscheiden.

Dieses Gebet von Reinhold Niebuhr habe ich als kleines Mädchen in einem Buch meiner Mutter gefunden. Es übte eine magische Wirkung auf mich aus. Ich hatte das Gefühl, das Leben darin zu entdecken. Seitdem schreibe ich dieses Gebet als meinen persönlichen Leitsatz auf die erste Seite meines neuen Jahreskalenders. Sie können nicht alles schaffen! Das Ende des Machbarkeitswahns ist eine Entlastung, die Mut macht. Was Sie schaffen können, ist viel erfüllender: Immer wieder etwas Neues wagen, Umwege gehen, spielerisch das Leben entdecken, Dinge erforschen und dabei aus dem Inneren schöpfen.

Erfolg anders denken

Auf gesellschaftlicher Ebene wird, ausgelöst durch immer neue Umweltkatastrophen, Hungersnöte, Flüchtlingsbewegungen und Gesundheits- und Wirtschaftskrisen, wie zum Beispiel die der Covid-19-Pandemie, in den verschiedensten Bereichen erneut über den Begriff Erfolg nachgedacht. Kann es Erfolg ohne Rücksicht auf den Menschen und die Natur geben? Es ist an der Zeit, dass wir auf alte Fragen neue Antworten finden. Wenn wir auf dem Weg in ein digitales Zeitalter sind – und wir sind schon mittendrin – dann brauchen wir wagemutige Gestalter mit Weitblick, die über individuell getriebene Selbstoptimierer hinausdenken können. Das Unmögliche wagen, seine Gedanken weit auf zu machen, sich vom Machbarkeitswahn zu lösen, ohne den Boden der Realität zu verlassen, das ist ausbalancierte Lebenskunst. Über Erfolg, den Sinn und die Gefahren einer Machbarkeitskultur nachzudenken, verändert unsere Mutkultur. Denken wir also gemeinsam neu. Wir benötigen dazu ein *Change*-Mindset, das von einer hohen Risikokompetenz geprägt ist. Risiken kompetent zu begegnen heißt, sie als Möglichkeit zu kalkulieren: Erst (ab)wägen, dann wagen. Auf welchem Wissen beruht unsere Entscheidung? Wieviel Risiko können und wollen wir bewusst tragen? Wie gehen wir mit einem möglichen Verfehlen um? In der neuen, digitalen Welt sind mutige Menschen gefragt, die spielerisch frei experimentieren, ohne sich in diffusen Ängsten zu verlieren. Was wäre, wenn wir es schaffen, den Erfolgs- und Leistungsbegriff so zu definieren, dass Erfolg nicht mehr auf »höher, schneller, weiter« reduziert wird, sondern ein agiles Vorangehen in Richtung einer für uns erstrebenswerten Zukunft ist? In der Forschung gehört zum Erfolg der Irrtum, auf den eine neue Erkenntnis folgt. Nicht nur der reine Gewinn, das erreichte Ziel definiert dann Erfolg, sondern der Mut, etwas gewagt zu haben, dessen Erfolgschance völlig ungewiss war, ist Inbegriff von Erfolg. Erfolg beschreibt dann den mutigen Prozess des Erschaffens, mit allen Umwegen, Irrtümern und Möglichkeiten. Eine solche werteorientierte Umdeutung der Begriffe »Leistung« und »Erfolg« sind Zukunfts-Booster, die zu einem mutigen Handeln anregen. Es ist Zeit, sich von der Idee zu verabschieden, dass eine starke Gesellschaft allein aus starken Einzelkämpfern besteht. Selbstoptimierung, Wahlfreiheit, der Druck immer den Erwartungen zu entsprechen, führen unweigerlich zur Überforderung vieler Menschen. Wenn wir uns aus dem Regime der Fremdbewertung lösen, finden wir zu unseren eigenen Motiven zurück und sind bereit, kooperativ und wirksam zu leben. Unser hoher Spezialisierungsgrad innerhalb der heutigen Arbeitswelt verlangt danach, dass wir uns je nach Auftrag und Projekt zu neuen Experten-Teams zusammenschließen und kollaborativ arbeiten. Die Basis dazu ist eine gemeinsame Zukunftsvision, an die wir als Gemeinschaft glauben können. Ich denke dabei an ein komplexes Konstrukt aus Gesellschaft, Ökologie und individuellen Bedürfnissen. Gemeinschaftliche Zukunftsfähigkeit statt individuellem Wachstum um des Wachstums willen. Das Kernstück einer solchen Vision ist, entlang der Frage nach dem sozialen »Wozu?« gemeinsam verantwortungsbewusst an Ideen für die Zukunft zu arbeiten. Gegenwärtig eröffnen immer mehr moderne Arbeitsformen, wie z. B. Coworking-Spaces, kollaborative Zusammenarbeit, fluide und virtuelle Teamarbeit, Desk-Sharing (Verzicht auf feste Arbeitsplätze), Crowd-Working (Plattformökonomie, Angebot der Erbringung der Arbeit von »überall«), innerhalb der fortschreitenden Agilisierung neue Wege in eine Zukunft der Arbeit. Ziel dabei ist es, Erfolg mit einem neuen gesellschaftlichen Wertesystem zu verbinden. Die Reise von A nach B, von unserem Status Quo in die Zukunft wird uns immer durch unwägbares Gelände, durch Risikogebiete führen. Erfolg folgt unserem Tun. Handeln wir also mutig, statt Zukunft ängstlich zu verhindern.

> **Mut-Quickie**
> - Was wäre, wenn wir Image- und Selbstoptimierungsstrategien loslassen und unseren persönlichen Werten folgen?
> - Was wäre, wenn wir die Balance aus Vertrauen in unsere Selbstwirksamkeit und Mut zur Akzeptanz leben lernen?
> - Was wäre, wenn wir um den Preis der Verletzlichkeit scheitern und das Verfehlen als eine Gestaltungsmöglichkeit anerkennen?
> - Was wäre, wenn wir vom Sicherheitsfanatismus hin zum kreativen Leben und einem Arbeiten im Flow denken?

Es wird Zeit, sich diese Fragen zu stellen. Echter Erfolg kennt weder das Gewinnen noch das Verlieren. Er repräsentiert ein konstantes Bemühen und Arbeiten für das, was wir als wesentlich und »sinnvoll« erachten. Erfolg ist so viel mehr, als einen Preis zu gewinnen, oder oben auf dem Siegertreppchen zu stehen. Echter Erfolg führt uns zum Erleben von innerer Erfüllung und von Glück. Denken wir drüber nach, denn am Mute hängt bekanntlich der Erfolg.

Im Land der Angsthasen – Wenn sich keiner mehr traut

> *Die Angst bleibt dem Menschen zeitlebens als Warnsignal und Frage, ob er sich im Einklang mit seinem Wesen und seinen ureigenen schöpferischen Möglichkeiten befindet.*
> *(Otto Teischel)*

Wir alle kennen das Gefühl der Angst, wenn auch in ganz unterschiedlichen Facetten. Zugeben mag sie allerdings nicht jeder. Es ist uncool, ängstlich zu sein, weil dieses Gefühl und dieses Verhalten im Widerspruch zur bisherigen Definition von Erfolg stehen. Angst beeinflusst unsere Entscheidungen, unser Handeln und damit unseren echten Erfolg. Wovor wir uns fürchten, ist zutiefst individuell: Da gibt es die Angst vor einem Status- und Imageverlust, vor der Komplexität des Lebens, vor der Digitalisierung, vor dem gesellschaftlichen Rechtsruck und politischen Extremen, vor Krankheit, vor dem Alleinsein, vor dem Verlust des Wohlstands, vor der Altersarmut, vor einer Wirtschaftskrise oder vor Umweltkatastrophen ... Angst hat erstaunlich viele Gesichter, denn das Gefühl der Angst ist so alt wie die Menschheit. Das Wort Angst kommt vom althochdeutschen »angust«, was so viel wie Enge, Bedrängnis oder auch Beengung bedeutet. Wenn wir der Angst folgen, dann fühlen wir eine Enge in der Brust, werden kurzatmig und erstarren. Unsere Handlungsfreiheit ist eingeschränkt. Als existenzielle Grundbefindlichkeit macht Angst unser Dasein einerseits unsicher und zerbrechlich, aber anderseits auch kostbar. Angst wird als Schutz und als Bedrohung erlebt und ist dennoch ein überlebenswichtiges Gefühl. Angst lähmt den Menschen nicht nur, sondern setzt gleichzeitig den Mut und die Kraft zu neuem Handeln frei.

Angst bedroht unsere Freiheit
Das Phänomen des Wandels gibt es nicht ohne die Erfahrung von Angst. Denn wenn wir uns der Angst hoffnungslos hingeben, dann produzieren wir Stillstand. Angst ist nicht nur ein beklemmendes Gefühl, sie schränkt unsere Freiheit ein. Damit ist sie gleichzeitig der Feind jeder Veränderung. Unabhängig in seiner Entwicklung zu sein, bedeutet im Gegenzug auch, wieder frei zu sein. »Libertas« steht für die Anatomie des freien Willens, unsere Selbstbestimmung. Die Redewendung »Angst ist ein schlechter Ratgeber« bringt es auf den Punkt, und dennoch ist genau diese Angst auch ein lebensrettendes Warnsystem. Und so macht es wenig Sinn, sich der Angst entgegenzustellen oder gegen sie anzukämpfen. Wir müssen durch sie hindurch gehen. Wenn wir Veränderung wollen, dann kommen wir nicht daran vorbei, uns unseren Ängsten zu stellen. Dabei sollten uns folgende Fragen leiten: a) Warnt uns

unsere Angst vor einer konkreten Gefahr? oder b) Steckt hinter unserer Angst bloß der innere Schweinehund, der uns auf dem bequemen Sofa zurückhalten will? Es ist wichtig, genau hinzuschauen. Wir müssen versuchen, unsere Ängste zu verstehen. Nur so können wir sie in unsere Entscheidungen und Lernerfahrungen einbeziehen.

Und wenn sich keiner mehr traut?
Es heißt, die Angst beginnt im Kopf, genau wie der Mut. Letztlich gäbe es ohne Angst auch keinen Mut. Angst gehört wie Mut zu unserem Wesen. Ihr Ruf ist leider schlecht, auch wenn unsere Angst versucht, unser Überleben zu sichern.

Erinnern Sie sich an die Ereignisse vom 11. September 2001? Es ist ein magisches Datum, denn die meisten Menschen können sich an diesen Tag, auch heute noch, sehr genau erinnern. Ich war zu diesem Zeitpunkt zu einer Weiterbildung für Führungskräfte in Bad Segeberg. Wir waren gerade in der Mittagspause und ich stand mit einer Kollegin in einer Boutique, als wir plötzlich die unglaublichen Bilder vom Einsturz des World Trade Centers in New York sahen. Wir starrten fassungslos auf den riesigen Bildschirm an der Wand. Es war ein Tag, an dem wir weltweit und kollektiv das Fürchten gelehrt bekamen. Der Anschlag auf die Zwillingstürme mit 256 getöteten Flugzeugpassagieren löste eine weltweite Betroffenheit und Sicherheitswelle aus. Das Ziel war klar: Schutz vor dem uns bedrohenden Terrorismus. Viele, die vorher wie selbstverständlich das Flugzeug nutzten, stiegen in der Folge auch bei Langstrecken auf das Auto um. Sicher ist sicher, werden sich die meisten gedacht haben. Was aber eigentlich passierte, war folgendes: Im Jahr 2012 gab es 1600 mehr Unfalltote auf den Straßen in den USA, als statistisch zu erwarten gewesen wäre. Das sind mehr als 6 x so viel Todesopfer wie die 256 Toten der entführten Flugzeuge. Dieses Beispiel zeigt deutlich, wohin eine, wenn auch begründete oder zumindest nachvollziehbare, Risikovermeidung führen kann. Studien haben nachgewiesen, dass Menschen nach der Erfahrung von Ereignissen mit vielen Toten aus Angst zu übersteigerten Risikovermeidungen neigen. Das heißt, unwahrscheinliche Ereignisse ziehen verheerende Folgen nach sich. Prof. Dr. Gerd Gigerenzer, Direktor des *Harding-Zentrums für Risikokompetenz* am Max-Planck-Institut für Bildungsforschung in Berlin, hat dieses Phänomen »Dread Risks« genannt. Die aktuelle Risikoforschung geht davon aus, dass sich auch die Covid-19-Pandemie zu einem »Dread Risk« entwickeln könnte. Schon jetzt ist zu beobachten, dass die durchschnittlichen Patientenzahlen, die sich bisher mit akuten Herzbeschwerden einer Behandlung unterzogen haben, aus Angst vor einer Infektion beim Besuch der Arztpraxis bis zu 50% rückläufig sind. Damit könnte die Zahl der Herz-Kreislauf-Toten dramatisch ansteigen. Statistisch wird das erst im Nachhinein nachzuweisen sein. Diese oder ähnliche Warnzeichen müssen uns daher Anlass genug sein, Menschen mit unangemessen großen Ängsten aufzuklären, dass das Risiko einer Infektion in Arztpraxen und Krankenhäusern im Vergleich zur Gefahr, den Arztbesuch zu unterlassen und an der unbehandelten Erkrankung zu sterben, in keinem Verhältnis stehen.

Wieviel Angst ist erlaubt?
Eine grundsätzlich richtige Dosis für das Gefühl Angst im Alltag gibt es leider nicht. Die Schwelle liegt in unserer persönlichen Bewertung der Angstreize. Wenn Angst sich in ein pathologisches Ausmaß ausweitet, dann sollten wir uns unbedingt ärztliche und/ oder psychotherapeutische Unterstützung holen. Die kognitive Verhaltenstherapie gilt dabei als eine empirisch gesicherte und auch erfolgsversprechende Methode. Die Abgrenzung zwischen gesunder und pathologischer Angst ist deshalb bedeutsam. Wenn auch zum Glück nicht jede Angst pathologisch ist, gesellschaftlich kommen wir nicht daran vorbei, die Angst endlich aus ihrer Tabuzone herauszuholen.

In der Psychologie wird die Angst von der Furcht unterschieden. Furcht bezeichnet eine eindeutige Bedrohung, wobei Angst eher unspezifisch ist und einen ungerichteten Gefühlszustand der Beklemmung oder der Besorgnis beschreibt. Je nach dem Grad, wie abstrakt man diese Begriffe verwendet, umso mehr verschwimmen sie ineinander. Ich habe mich in diesem Buch, so wie es im alltäglichen Sprachgebrauch üblich ist, für die Verwendung des Begriffs Angst entschieden.

Der Nutzen der Angst:
- Schützt unser Überleben
- Schärft unsere Sinne (verbesserte, differenziertere Wahrnehmung)
- Bringt uns ins Tun (aktiv werden, sich besser vorbereiten)

Die Nachteile der Angst:
- Lähmt, macht unbeweglich (Schockstarre)
- Blockiert die Neugier auf das Neue (mindert Kreativität und Innovationskraft)
- Verhindert rationale Entscheidungen (irrationale Entscheidungsfindung, fremdgesteuert)

Es hat sich inzwischen herumgesprochen, dass Kampf und Flucht oder das Sich-tot-stellen als altbewährte Abwehrstrategien gegen die Angst ausgedient haben. Und, dass der steinzeitliche Säbelzahntiger keine Alltagsbedrohung mehr für uns darstellt. Die Gefahren in unserer modernen Welt sind andere geworden. Das Alarmsystem der Angst (die so genannte »Stresskaskade«) funktioniert dennoch in altbekannter Weise hervorragend. Vielleicht kennen Sie das aus eigenen Stresssituationen: Der Blutdruck und die Herztätigkeit steigen, die Muskulatur wird stärker durchblutet. Gleichzeitig werden Adrenalin und Noradrenalin hochdosiert ausgeschüttet, um für unsere Muskeltätigkeit ausreichend Energie bereitzustellen. Eigentlich sind wir jetzt zu Kampf oder Flucht bereit, doch es ist weit und breit kein Tiger in Sicht. Damit haben Sie nicht gerechnet? Kein Wunder, denn unsere Denkvorgänge werden in einer Stresskaskade massiv unterdrückt. Es steht keine Energie dafür bereit. Das erklärt zum Beispiel auch, weshalb wir in angstvollen Prüfungssituationen ein sogenanntes »Black-Out« haben können. In guter Absicht hat der moderne Mensch seine Strategien gegen die Angst einem Update unterzogen, ohne sie dabei beim Namen zu benennen. Wahrscheinlich kommen Ihnen ein paar dieser Strategien der Angstbewältigung 4.0 bekannt vor? Oder Sie kennen zumindest einen guten Kollegen oder eine Kollegin oder einen anderen Menschen in ihrem Umfeld, der sie praktiziert?

Strategien gegen die Angst 4.0

> *Am meisten machen wir falsch,*
> *wenn wir alles richtig machen wollen.*
> *(Helga Schäferling)*

1. Die Perfektion
Manche Menschen kokettieren mit ihrem Perfektionsstreben. Dabei gibt es keinen Grund, um anzugeben! Genau betrachtet, ist jedes Streben nach Perfektion ein Dilemma. Perfekt ist unerreichbar, und unsere Energie versinkt in einem nie enden wollenden Verbesserungsprozess. Es besser und noch besser machen zu wollen, bietet uns allerdings auch einen Gewinn, nämlich den Selbstschutz. Wir verstecken uns hinter einer Maske und zeigen uns freiwillig nur, wenn wir uns sicher genug fühlen oder fühlen müssen. Was andere von uns sehen, soll unantastbar sein, vielleicht sogar Lob und Bewunderung auslösen. Gleichzeit schützen wir unser verklärtes Selbstbild. Auf keinen Fall möchten wir das unsere wahren Gefühle und Gedanken, unsere Schwächen und Verletzungen sichtbar werden und schon gar nicht möchten wir Kritik hervorrufen. Der Preis des Bildes, das wir von uns erzeugen möchten, fordert einen überhöhten Energie- und Zeitaufwand. Das ist der Preis des Perfektionsstrebens. Wirtschaftlich betrachtet ist Perfektion ein hoher Kostenfaktor. Und auf persönlicher Ebene schleppen wir

außerdem noch einen Rucksack voller Unzufriedenheit mit uns herum. Das, was wir abliefern, hätten wir so gern noch etwas »ver(schlimm)bessert«. Zu Perfektion neigende Menschen sind – nachvollziehbar – keinesfalls die mutigsten. Ihr Grad an Sicherheitsstreben ist hoch, denn sich verletzlich zu zeigen, ist ein gesellschaftlich etabliertes Tabu. Nicht so perfekt wie möglich, sondern wie nötig, wäre hingegen ein mutmachender Leitsatz.

2. Die Prokrastination
Prokrastination ist das hübsche Wort, welches das Leiden an »Aufschieberitis« beschreibt. Die Erledigung wichtiger Dinge wird aufgeschoben und immer wieder aufgeschoben. Irgendwann ist der Termindruck so groß, dass dann doch angefangen wird. In allerletzter Sekunde ist das Werk, bestenfalls doch noch termingerecht verrichtet. Der Prozess war zwar anstrengend, aber der Zugewinn war Zeit. Und zwar eine umfunktionierte Zeit, um mit der eigentlichen Aufgabe nicht anfangen zu müssen. Bevor mit der eigentlichen Arbeit losgelegt wird, fangen Betroffene plötzlich an, den Schreibtisch aufzuräumen, unwichtige Mails zu beantworten oder ähnliche zeitfressende Tätigkeiten zu verrichten. Was auch immer sie tun, es geht darum, beschäftigt zu sein. Der Selbstbetrug dieser Ablenkungsmanöver liegt darin, sich vorzugaukeln, dass man noch gar nicht anfangen *kann*. Es muss vorher schließlich viel zu viel erledigt werden. Der Grund für diesen so unlogischen Akt der Arbeitsvermeidung ist einfach. Wenn ich nicht anfange, dann gibt es auch kein Ergebnis, das bewertet wird. Ich vermeide jegliches Feedback durch mich selbst oder durch andere Menschen. Auch mit dieser Strategie bin ich zunächst unantastbar. Das Wissen, sich verletzlich zu zeigen, bremst uns aus. Eine gute Freundin hat mir mal gesagt: »Lieber unperfekt gestartet, als perfekt gezögert.« Sobald ich dem Versuch unterliege aufzuschieben, flackert er plötzlich in meinem Kopf auf: Erwischt, denke ich und beginne gar nicht erst, mich zu blockieren. Prokrastination und Perfektion sind mutlose Geschwister bei der Vermeidung, sich verletzlich zu zeigen.

3. Der Widerstand

Widerstand ist eine Form der Angststarre. Dagegen sein, nicht mitmachen wollen, heißt alle meine Kraft darauf zu richten, das Bekannte festzuhalten. Im Neuen und Unbekannten lauert nämlich die Gefahr. Wenn ich mich dagegen wende, brauche ich außerdem keinerlei Verantwortung zu tragen, wenn es schief gehen sollte. Widerstand gegen Veränderungen ist wie auf einem Laufband rückwärts zu laufen. Wir können die Zukunft nicht aufhalten. Doch wenn wir uns dagegen wehren, sie mitzugestalten, dann lassen wir uns gestalten. Der Preis, den wir für diese Art Angstbewältigung zahlen, ist mutlose Fremdbestimmung.

4. Das Macho-Gehabe

Mir ist klar, dass ich hier ein vordergründig männliches Klischee bediene. Aber glauben Sie mir, auch Frauen können Machos sein. »Diese Trauben sind mir viel zu sauer, sagte der Fuchs und zog von dannen.« So passierte es in Äsops Fabel »Der Fuchs und die Trauben.« In der Psychologie wird diese Art des Schönredens eines vermuteten Versagens auch als Rationalisierung oder als »kognitive Dissonanzreduktion« bezeichnet. Sie beschreibt den Versuch, einer vermiedenen Situation nachträglich einen rationalen Sinn zu geben. Eine ziemlich clevere Tarnung, könnte man meinen. Menschen agieren folglich manchmal verdeckt, um Dinge abzuweisen, die aus ihrer Sicht nicht erreichbar sind. Mit cooler Souveränität erklärt ein Manager im Meeting, warum ein geplantes Projekt es nicht im Geringsten wert ist, gestartet zu werden. Dass er es aus persönlicher Angst vor dem Verfehlen als unerreichbar oder zu riskant einstuft, wird nicht thematisiert. Die Taktik des Unmutes: Gesicht bewahren und abwiegeln. Macho-Gehabe ist nicht nur der Versuch, sich selbst zu täuschen, sondern seine Feigheit auch vor den anderen zu verbergen.

Für das Gefühl der momentanen Angstbewältigung mögen die benannten 4 Vermeidungsstrategien – kurzfristig – erfolgreich für Entlastung sorgen. Sie führen uns zunächst aus einer persönlich belastenden Angst heraus und schenken uns eine scheinbare

Handlungskompetenz. Mit diesen vier Strategien handeln wir jedoch nicht risikokompetent, sondern führen Ersatzhandlungen aus, die unsere Mutlosigkeit verstecken und doch nur Kosmetik sind.

Wir können den bewussten Umgang mit angstvollen Gedanken üben:

1. Mutig sein: Angst zulassen
Wenn vor der nächsten Entscheidung, dem nächsten Schritt, die Angst anklopft, dann helfen manchmal schon ein paar Fragen:

- Was wäre das Schlimmste, das passieren kann?
- Was wäre dann?
- Was könnten Sie tun?

2. Sicherheitsnetz: Ein Netzwerk schaffen
- Wer kann mich auffangen, wenn ich falle?
- Wo kann ich im schlimmsten Fall Unterstützung bekommen?

3. Fake-News enttarnen: Faktencheck
Nehmen Sie nicht alles hin, was Ihnen als Wahrheit verkauft wird und trauen Sie nicht Ihren angstvollen Gedanken. Schauen Sie hinter die Fassade der Angst: Ist es wirklich wahr?

4. Andersdenken kultivieren
Suchen Sie sich ein Umfeld, in dem die Menschen anders denken, als Sie es tun. Erweitern Sie Ihren Horizont!

5. Neugier einladen: Eine Neugier-Brille aufsetzen
Unsere Neugier hat die Kraft, unsere Angst zu besiegen. Setzen Sie deshalb eine Neugier-Brille auf. Mit der Lust auf das Neue rückt sie die Angst automatisch in den Hintergrund unserer Wahrnehmung. Wenn Angst in Ihnen aufsteigt, denken Sie flexibel: Stellen Sie Ihren Gedanken die Aussage »Das ist ja interessant!« voran. Oder brechen Sie mit Routinen, indem Sie ganz bewusst einen neuen

Weg zum Job wählen, in einem unbekannten Geschäft einkaufen oder etwas essen, das Sie noch nicht kennen.

6. Distanz schaffen: Die Tür schließen
Was Ihnen nicht gut tut, dem dürfen Sie Distanz entgegensetzen. Richten Sie nie den Fokus auf Ihre Angst und setzen Sie ihr eine klare Grenze: Stopp! Bis hierhin und nicht weiter. Schließen Sie vor Ihrem inneren Auge eine Tür. Konzentriere Sie sich im Gegenzug auf die Dinge, die Sie befreit handeln lassen und machen Sie mehr davon.

7. Ein neuer Rahmen: Refraiming
Stellen Sie negative Erfahrungen in einen neuen Rahmen:

- Was durfte ich lernen?
- Was war das Gute am Schlechten?

Wir haben immer die Wahl. Lassen Sie etwas geschehen oder ergreifen Sie Ihre Möglichkeiten und agieren Sie selbstbestimmt!

> **Mut-Quickie**
>
> Ohne Angst können wir nicht leben. Angst setzt Grenzen, lässt uns wachsam sein. Das Ziel, Angst loszuwerden, ist fatal. Es geht vielmehr darum, die Angst-Energie aufzunehmen und durch sie hindurchzugehen. Erfolgreiche Veränderung braucht einen professionellen Umgang mit dem Thema Angst. Wenn wir es schaffen, Angst zu enttabuisieren, setzen wir Mut in allen Bereichen der Wirtschaft und des Lebens frei.
> Führen Sie ein Zwiegespräch mit Ihren Ängsten. Fragen Sie nach ihren positiven Absichten und erlauben Sie sich einen Perspektivenwechsel.

Tabubruch Scheitern: Vom Mut zum Verfehlen

> *Wenn man einen Fehler gemacht hat, muss man sich als erstes fragen, ob man ihn nicht sofort zugeben soll. Leider wird einem das als Schwäche angekreidet.*
>
> *(Helmut Schmidt)*

Verirren, verfehlen, scheitern … Vorsicht hier lauert schon wieder ein Tabu. Dieses Trio ist in unserer Gesellschaft nicht vorgesehen. Und wenn es doch thematisiert wird, dann haben wir es selbstverständlich im Griff: Wir nennen es Fehlermanagement. Fehlermanagement hört sich professionell an und es schützt vor der Angst, Fehler zu machen. Auch wenn der Fehler nicht unbedingt behoben wird, ist mit seinem Management das Problem für viele Unternehmen beseitigt. Schauen wir uns das Unwort »Fehlermanagement« einmal genauer an.

Angst vor Fehlern – Schluss mit »alles richtig machen«

Unter uns, warum fürchten wir uns eigentlich so, dass wir verfehlen, uns verirren, im schlimmsten Fall gar scheitern oder versagen? Warum ist die Angst eines unserer vordergründigen gesellschaftlichen Tabuthemen?

Wenn wir kleinen Kindern zuschauen, wie sie das Leben entdecken, machen wir eine äußerst beglückende Erfahrung. Kinder begegnen dem Neuen mit Freude, in ihr Tun versunken, beharrlich. Wenn es ihnen misslingt, packt sie die Neugier und schon versuchen sie es voller Begeisterung aufs Neue. Wenn sie es lange genug erfolglos probiert haben, wechseln sie die Strategie oder versuchen etwas ganz Neues. Die Verfehlung nehmen sie gar nicht als solche wahr, denn ihr Fokus liegt im Moment des Ausprobierens, im Versuch und damit im Tun. Kinder denken noch nicht in Fehlern. Erst durch unser Eingreifen, unsere Korrektur werden sie daran gehindert, im Moment zu agieren, neugierig zu handeln und Wagnisse einzugehen. Spätestens in der Schule begreifen sie dann, es geht darum, die Dinge »richtig« zu tun. Was richtig ist, zeigen ihnen ihre Bezugspersonen. Je mehr Kinder ein Fehlerbewusstsein ausbilden, desto häufiger verlieren sie ihre Spielfreude, ihre Kreativität und die Leichtigkeit des Wagens, d. h. ihren Mut, das Neue trotz aller Ungewissheit zu entdecken. Wir Erwachsene schaffen es, Kinder in unsere sicherheitsorientierte Welt zu schubsen und ihnen einen Rucksack mit Angst aufzuschnallen. Jahre später fragen wir uns dann, warum die heutige Jugend nicht mutig gestaltet.

In einem Beratungsprozess sagte mir eine Führungskraft der mittleren Managementebene, die ich auf die übermäßig auf Perfektion und Fehlervermeidung ausgerichtete Kultur ihres Unternehmens ansprach: »Ganz ehrlich, ich will keinesfalls vor Mitarbeitern, Managerkollegen oder Kunden mein Gesicht verlieren. Ich möchte meine Außenwirkung selbst bestimmen.« Eine gefährliche Einstellung. Dieses Statement ist mehr als nur eine Meinung. Wenn ein Fehlermanagement dazu führt, dass alle Anstrengungen darauf ausgerichtet werden, Fehler zu vermeiden, gehen wertvolle Kraftressourcen verloren.

Was wäre, wenn wir es schaffen würden, unser Fehlermanagement in eine Fehlerkultur zu verwandeln? Was wäre, wenn wir uns selbst nicht so wichtig nehmen und dem Verfehlen einen Sinn abgewinnen würden? Wenn wir uns selbst als Forscher betrachten könnten, dann wäre jedes neue Handeln nicht nur ein Wagnis, sondern auch ein Versuch, eine Lösung oder das Unbekannte, das Neue zu finden. Wir würden spielerisch auf der Suche sein und uns im Experimentieren unserem Ziel nähern. Wir würden verfehlen und erforschen, ohne unser Handeln in Erfolg oder Misserfolg zu kategorisieren. »Trial and Error« wäre unser Lebensprinzip. Vielleicht würden wir dabei etwas Neues entdecken, das wir gar nicht gesucht haben, aber das der Gesellschaft dienlich ist. Ohne ein Fehlertabu wäre doch alles viel einfacher, wenn wir uns auf die Suche nach Lösungen aufmachen und im Wandel erfolgreich agieren und Zukunft bauen. Für den Bildungsalltag würde es bedeuten, dass Jugendliche zum Gestalten ermutigt werden.

> **Mut-Quickie**
>
> Mut entsteht dann, wenn wir unser Denken über das Verirren, das Verfehlen und das Scheitern revolutionieren. Fehler zu machen bedeutet nicht, etwas grundsätzlich falsch gemacht zu haben. Im Gegenteil, es ist in der Regel gar nicht möglich, alles richtig zu machen. Und mehr noch: Es ist gar nicht notwendig, ausnahmslos alles richtig zu machen. Dafür sind Fehler zu komplex und zu unterschiedlich. Erfolg und Fehler bilden eine Einheit: 1. Wie gehen wir mit Fehlern auf dem Weg zum Erfolg um? 2. Sind wir bereit, Fehler klar zu kommunizieren und aus ihnen zu lernen? 3. Nutzen wir tatsächlich die Möglichkeiten und Chancen, die uns das Leben manchmal ganz zufällig anbietet? Die Herausforderung: Üben Sie sich im Mut, zu verfehlen.

Zu rasant, zu digital, zu komplex: Zukunft wird aus Mut gemacht

Die Zukunft wird immer wieder schön.
(Prof. Klaus Mainzer)

Zu rasant, zu digital und zu komplex: Es nicht einfach, die Zusammenhänge dieser Welt in ihrer komplexen Dynamik zu verstehen, ohne sich in seinem Handeln verunsichern zu lassen. Was früher der Säbelzahntiger für uns war, ist heute eine komplexe Welt. Für so manchen ist die rasch fortschreitende Digitalisierung beängstigend. All die Möglichkeiten, die sie uns eröffnet, wiegen unsere Sorge um unseren Kontrollverlust nicht auf.

Wir

Wir sind 6 Milliarden Menschen und wir stehen alle miteinander in Verbindung, schon weil wir alle auf ein und demselben Planeten leben. Wir leben in der Wissensgesellschaft, was bedeutet, dass unser Leben um Information kreist, doch die Information, die täglich auf uns einstürzt, ist bereits heute viel zu groß für unser Leben. Und das ist jetzt, morgen wird sie noch größer sein, Information wächst exponentiell, und wo wir sie dann unterbringen, weiß niemand, in unseren explodierenden Hirnen jedenfalls sicher nicht.

So gehen unsere Tage dahin, beherrscht von Ereignissen, die weit außerhalb unserer Kontrolle liegen und an denen wir scheinbar nichts ändern können. Das Leben ist kompliziert, sagen deshalb einige von uns und meinen, daran sei nichts zu ändern.

Wir können aber auch sagen, das Leben ist komplex. Dann können wir etwas tun. Das zeigt uns die Komplexitätsforschung.[2]

Komplexität
Henri Poincare, französischer Mathematiker und Physiker, hat bereits im Jahr 1892 das Ende der Messbarkeit unserer Welt festgestellt. Mit einem Experiment wies er nach, dass es beim Aufeinandertreffen von drei Körpern zu chaotischen, instabilen Verläufen kommt. Diese sind erheblich von den konkreten Anfangsbedingungen abhängig. Sie sind langfristig nicht berechenbar. Diese nichtlineare Dynamik bedeutet, wir wissen zwar, dass etwas passieren wird, allerdings wissen wir nicht genau, was passieren wird. Dieses Experiment war die Annäherung an das, was wir heute Komplexi-

---
2 Peter Lau und Maren Wilstorff, in: *edition brand eins*, Heft 5, 2019, S. 156.

tätsforschung nennen. Die Komplexitätsforschung ist ein noch relativ junges Forschungsgebiet, das sich in den 70er Jahren entwickelte. Unsere vereinfachte Art, Dinge mit Kausalketten zu erklären, wurde fundamental infrage gestellt. Aber was heißt überhaupt komplex? Einfach erklärt, ist ein komplexes System etwas, das aus verschiedenen, miteinander verknüpften Teilen besteht. Systeme bewegen sich in Mustern und sie organisieren sich selbst. Allerdings passiert dies nicht nach einem Zufallsprinzip, sondern in einer nichtlinearen Dynamik. Solche Systeme sind zum Beispiel unser menschlicher Körper, unsere Erde, das Planetensystem, aber auch ein chaotisch erscheinender Verkehrsstau. Komplexität bezeichnet die Eigenschaft eines Systems, dessen Gesamtverhalten man selbst dann nicht beschreiben kann, wenn man die vollständigen Informationen über seine Einzelkomponenten und ihre Wechselwirkungen besitzt.

Wenn wir einen Wald betrachten, dann wissen wir um das Wechselspiel von Flora und Fauna. Wir können eine Baumgruppe betrachten, einen speziellen Baum mit all seinen Bestandteilen und seinen Bewohnern, aber auch ein einzelnes Blatt. Die tatsächlichen Verknüpfungen aller Lebewesen eines Waldes sind nicht unbedingt kompliziert, aber sie sind in jedem Fall komplex. Vereinfacht kann man es sich so vorstellen: Jede Veränderung im Kleinen kann eine größere auf das Gesamtsystem Wald oder auch weit darüber hinaus auslösen. Ein Schädling breitet sich beispielsweise aufgrund aktueller Klimabedingungen plötzlich mit unproportional hohem Wachstum aus, die Blätter eines einzelnen Baumes sind verstärkt befallen, Insekten können die ursprüngliche Balance innerhalb der Nahrungskette nicht mehr herstellen, bestimmte Arten von Bäumen sterben, andere Pflanzen treten wiederum vermehrt auf und das Ökosystem Wald verändert sich mit unzählig vielen anderen unsichtbaren oder unbekannten Teilveränderungen ... Komplexe Systeme zeigen auf, wie alles mit allem verknüpft ist. So ist beispielsweise ein globalisierter Markt oder ein Fußballspiel nicht berechenbar. Um Berechenbarkeit und damit unsere geliebte Sicherheit herstellen zu können, werden komplexe Systeme begrenzt und bewusst in Teilen betrachtet. Zu begreifen, dass Einfachheit nur ein Denkmodell für uns sein kann, um Handlungsorientierung beziehungsweise Handlungssicherheit herzustellen und wir dennoch die Welt damit nicht durchdringen, haben wir noch nicht ausreichend verinnerlicht. Eine komplexe Welt verlangt von uns ein völlig neues Denken.

Der Flügelschlag eines Schmetterlings

Es heißt, ein einziger Flügelschlag eines Schmetterlings kann am anderen Ende der Welt einen Sturm entfachen. Die Theorie dieses berühmten Schmetterlingseffekts vermittelt uns, dass jede Entscheidung, ganz gleich wie klein sie auch sein mag, die Kraft und die Macht entwickeln kann, ein exponentielles Geschehen mit großer Wirkung auszulösen. Stellen Sie sich vor, Sie schütten sich beim morgendlichen Frühstück Kaffee auf Ihr Oberteil und müssen sich deshalb rasch noch einmal umziehen. Jetzt sind Sie zu spät dran und verpassen möglicherweise Ihren Bus oder Ihre Straßenbahn. Im Bus begegnen Sie anderen Menschen als in dem Bus, den sie zehn Minuten früher genommen hätten. Sie wissen nicht sicher, was passiert wäre, wären Sie zum geplanten Zeitpunkt aufgebrochen. Vielleicht werden Sie Ihre Traumfrau oder Ihren Traummann nie wiedersehen. Sie sehen diese eine Person schon seit Wochen morgendlich im gleichen Bus. Tag für Tag wollten Sie sie ansprechen und haben es dann doch wieder verschoben. Heute hatten Sie sich fest vorgenommen, ich traue mich. Nun ist es allerdings so, dass die Person genau heute zum letzten Mal in dem Bus, den Sie verpasst haben, mitgefahren ist, weil sie morgen in eine andere Stadt ziehen wird. Vielleicht ist es ein etwas profanes Beispiel, aber es zeigt auf einfache Art und Weise, was der Flügelschlag eines Schmetterlings bewirken kann.

Unsere Welt ist nicht kompliziert, sie ist komplex.
Das ist ein wesentlicher Unterschied. Eine komplexe
Welt lädt ein, die Denkrichtung zu ändern und in ein
Denken der Lösungsorientierung zu investieren.

Mit Komplexität umzugehen, ist der menschliche Versuch, Realität positiv zu bewältigen und seinen eigenen Standort realistisch einzuschätzen. Der erste Schritt ist, die Komplexität, der wir uns ausgesetzt fühlen, zu reduzieren. Damit erschaffen wir keine neue Wirklichkeit, sondern zunächst ein Denkmodell. Wir können die Komplexität unserer Realität für konkrete Entscheidungsfindungen ausblenden und extrahieren. Auf diese Weise fokussieren wir uns auf ein Detail. Was braucht es, um in einer komplexen Welt zu agieren? Es braucht Klarheit über sein eigenes Tun und Vertrauen in das Leben zunächst ganz allgemein. Gerade in Zeiten des gesellschaftlichen, ökologischen, wirtschaftlichen oder auch ganz privaten Wandels fehlt vielen Menschen das Vertrauen darin, das alles gut wird. Es fehlt ihnen die Zuversicht, dass sie entwicklungsfähig sind und die Kraft und die Kompetenz haben, Zukunft gestalten zu können.

Neu denken lernen

In einer komplexen Welt können wir auf die einfache und altbewährte Kausalbeziehung von Ursache und Wirkung nicht länger setzen, auch wenn sie unser Denken noch immer prägt. Unsere Arbeitswelt, unsere Wirtschaftssysteme, die Welt an sich sind als komplexe Systeme zu betrachten. Insofern können wir unsere Betrachtungsweisen, unser gelerntes Entscheidungsverhalten aus der »alten Welt« nicht mehr auf das Neue übertragen, wenn wir erfolgreich sein wollen. Komplexität erlaubt und fordert uns immer wieder auf, neugierig und agil unser Denken zu verändern. Komplexität bedeutet, sich auf neue Lösungsansätze einzulassen. Wenn Sie eine Führungskraft, ein Unternehmer oder eine Privatperson sind, die

1. mehrere Optionen zulässt,
2. sich traut, getroffene Entscheidungen auch wieder loszulassen,
3. bereit zum Umdenken ist,
4. das Neue als einen Weg für sich erkennt,

5. nicht müde wird, Fragen zu stellen,
6. Feedback- und Lernschleifen ganz bewusst einkalkulieren kann,
7. Widersprüche für sich zu nutzen versteht,

dann leben Sie Komplexität. Teil der Komplexität sind auch Erfahrungen des Verfehlens und Gefühle der Angst, die, wie wir bereits gesehen haben, uns nicht nur erlauben, sondern überhaupt erst ermöglichen, das Neue jenseits von altbekannten und festgetretenen Pfaden durch Lernprozesse zu entdecken.

Das systemische Paradigma bzw. Denkmodell verlässt das mechanistische Maschinenmodell, den Objektivitätsglauben, nutzt das Mehrbrillenprinzip und betont die Selbststeuerung. Es ist eine Antwort auf die Komplexität und Dynamik von Lebenswelten und der damit verbundenen Unsicherheit und Unsteuerbarkeit.[3]

Komplexität zu leben, setzt bei einem neuen Denken an. Im Laufe seiner kognitiven Entwicklung lernt der Mensch das, was man als vertikal und konvergentes Denken bezeichnet. Das ist das klassische Denken in Ursache und Wirkung. Was wir heute jedoch brauchen, ist ein »anderes« denken. Wir müssen lernen, das »Neue« mutig zu denken. Dieses »Querdenken« bezeichnet man auch als laterales oder divergentes Denken. Erstmals beschrieben hat es Edward de Bono, britischer Mediziner, Kognitionswissenschaftler und Schriftsteller, bereits 1967. De Bono gilt als führender Lehrer kreativen Denkens. Merkmale eines vertikalen und konvergenten Denkens sind:

- selektiv
- analytisch
- logisch

---

3 Roswitha Königswieser, Martin Hillebrand, in: *Einführung in die systemische Organisationsberatung*, Carl Auer, 2004, S. 27 ff.

- aufeinander aufbauend
- konzentriert

Merkmale eines lateralen, divergenten Denkens sind:

- generativ
- provokant
- sprunghaft
- nicht gerichtet
- ungeregelt
- unwahrscheinlich

Welche Methoden gibt es, unser klassisches Denken in ein laterales und divergentes Denken zu transformieren?

1. Perspektive wechseln
2. Visuell denken
3. Probleme und Aufgaben in kleine Teile zerlegen, um sie neu zusammenzusetzen
4. Analogien bilden

Dieses neue Denken braucht selbstverständlich Übung, gerade dann, wenn sich alte Denkmuster über Jahre und Jahrzehnte in uns gefestigt haben. Über die Verinnerlichung und eine regelmäßige Anwendung kann der neue Denkansatz eine Gewohnheit werden, die hilfreich ist, mutig in unserer komplexen Welt zu agieren.

Mut-Quickie

Was wir in der komplexen Welt lernen dürfen, ist, unser Denken neu zu entdecken. Die Brille zu wechseln, schafft neue Perspektiven. Dazu gehört, dass wir aus dem klassischen, linearen Denken heraustreten und systemisch denken lernen. Die Welt aus einer »Systembrille« zu betrachten und agil zu agieren ermöglicht es uns, in einer komplexen Welt handlungsfähig zu sein. Zukunft wird aus Mut gemacht. Wie verändert das neue Denken meine Art, meine Risiken in einer komplexen Welt einzuschätzen, Entscheidungen zu treffen und Veränderungen mutig zu begegnen?

KAPITEL 2

VON MUT & MUTAUSBRÜCHEN – SICHTWEISEN

Du kannst nicht aufrichtig sein,
wenn du nicht mutig bist.
Du kannst nicht liebevoll sein,
wenn du nicht mutig bist.
Du kannst nicht vertrauen,
wenn du nicht mutig bist.
Du kannst die Wirklichkeit nicht erkunden,
wenn du nicht mutig bist.
Deshalb ist Mut das Wichtigste.
Alles andere folgt von selbst.
(Unbekannt)

Ist Mut eine oder sogar *die* Kompetenz in der modernen Welt? Viele Menschen verbinden Mut immer noch mit dem Begriff des Heldentums und glauben, das hat mit ihnen und ihrem Leben rein gar nichts zu tun. Weit gefehlt. Es muss nicht immer gleich der Heldenmut sein: Wie wäre es mit mehr Mut?! Wir brauchen Mut viel mehr, als wir glauben. Es ist spannend zu sehen, in welcher Vielfalt sich Mut zeigt und wo wir ihm überall begegnen können. Manchmal kommen wir aus dem Staunen gar nicht mehr heraus, wenn wir hören, was sich jemand getraut hat. Da ist die Nachbarsfamilie, die »einfach so« ihre Wohnung und ihre Jobs aufgegeben hat und mit den Kindern im Wohnmobil um die Welt reist. Wie mutig! Ihr bester Freund findet es sehr mutig, dass Sie sich getraut haben, sich aus einer Beziehung zu lösen, die offensichtlich nur noch belastend war. Mut ist nicht gleich Mut. Was ich als mutig empfinde, vollbringt ein anderer vielleicht mit Leichtigkeit.

Forschungen zum Thema Mut gibt es interessanterweise nur sehr wenige. Dagegen haben sich Philosophie, Psychologie und Kultur mit dem Thema Mut aktiv, über die Epochen hinweg, auseinandergesetzt. Was jedoch bis heute nicht stattgefunden hat, ist eine offene Auseinandersetzung mit dem Begriff »Mut« im Management von Unternehmen und im gesellschaftlichen Kontext. Hier besteht großer Nachholbedarf. Mein Anspruch ist es nicht, in diesem Buch wissenschaftlich über Mut nachzudenken, sondern vielmehr das Thema lebendig zu machen. Ich möchte Sie daher einladen, im Folgenden über die Arten von Mut nachzudenken, die uns im Leben begegnen können. Die Differenzierung des Begriffes Mut in spezifische Aspekte basiert auf meinen Mutumfragen und Interviews, die ich mit knapp 200 Menschen über 4 Jahre hinweg durchgeführt habe, ergänzt um meine gesammelten Erkenntnisse aus meiner 30-jährigen Management- und Beratungserfahrung.

Wenn wir Mut als unsere Zukunftskompetenz betrachten, dann sollten wir uns natürlich zunächst die Frage stellen: Was ist eigentlich Mut? Haben Sie schon Mal darüber nachgedacht? Was bedeutet Mut ganz speziell für Sie?

Die verschiedenen Spielarten des Mutes

Der Heldenmut
Heldenmut ist der erste Mut, der mir in den Sinn kommt, wenn ich über den Begriff Mut nachdenke. Helden wird ein ganz besonderer Mut, der sich in ihrer Unerschrockenheit und ihrer Tapferkeit äußert, zugesprochen. Vor allem kleine Kinder bewundern Helden – egal, ob Wicki und die starken Männer, Pippi Langstrumpf oder Luke Skywalker. Und mal ehrlich, auch wir Erwachsenen haben heute noch Helden, die wir bewundern und die für uns ein Vorbild

in Fragen des Mutes sind. Doch als Erwachsene reden wir darüber leider viel zu wenig, weil es mit der Scham behaftet ist, eher etwas kindisch zu wirken. Seien wir mutig und reden wir über unsere Helden! Ein Held traut sich schließlich auch etwas, er kämpft für eine ehrenwerte Sache, setzt etwas und vielleicht sogar sein Leben aufs Spiel. Helden werden am Ende ihrer Mission mit Ruhm überschüttet und gefeiert. So ist es jedenfalls in den meisten Comics, Abenteuer- oder auch Fantasyromanen. Erinnern Sie sich an einen Helden aus alten Zeiten, den Sie mal bewundert haben oder es auch heute noch tun? Für viele Menschen sind die ersten Rockgruppen wie die Rolling Stones, die mutig ihre Freiheit jenseits des Mainstreams leben, typische moderne Helden. In der heutigen jungen Generation ist die Klima-Aktivistin Greta für viele Menschen eine Heldin. Ein Mädchen, das sich traut, uns einen Spiegel vorzuhalten und eines der wichtigsten Zukunftsthemen der Menschheit in den Fokus zu rücken: Das Klima. Wir schauen gern zu Menschen auf, die sich mehr trauen als wir selbst. Das Gute daran, wir müssen nicht gleich selbst zum Helden werden, um ein wenig mehr Mut auf unser eigenes Leben überspringen zu lassen. Der amerikanische Mythenforscher Joseph Campbell hat festgestellt, dass es Geschichten sind, die uns ermutigen. Er hat deshalb die Heldenreise, als ein Modell des Storytellings, niedergeschrieben. Sie wurde zur Grundlage vieler Filmproduktionen. Campbell geht davon aus, dass jeder von uns seine eigene Heldenreise lebt. Alle Menschen haben einen Traum, den sie leben möchten. Es gibt etwas, das tief in unserem Inneren verborgen liegt, die Vision unserer Lebensaufgabe und der Verwirklichung unseres Selbst, wofür wir auf dieser Welt sind. Machen Sie sich also auf Ihren Weg und treten Sie ganz bewusst Ihre Reise an. Und dann kommen Sie zurück, nicht als der, der Sie sein könnten, sondern als der, der Sie tatsächlich geworden sind. Der Erfinder der Heldenreise, Joseph Campbell, fasst es zusammen:

*Das Privileg deines Lebens
ist es, du selbst zu sein.*

Mutig zu leben bedeutet, dass wir unsere Heldenreise anzutreten wagen und bereit sind, dabei zu wachsen. Hat unser Mut im alltäglichen Leben etwas von diesem zugleich gepriesenen und verpönten Heldenmut?

Der Alltagsmut

Vielleicht ist der Alltagsmut die am meisten unterschätzte Form von Mut. Was wir jedoch häufig vergessen, es sind die kleinen Dinge, die von uns fast täglich jede Menge Mut verlangen. Egal, ob wir die kleinen Dinge mit Mut assoziieren oder nicht, das Leben ist eine Aneinanderreihung von Herausforderungen und damit von Mutproben. Unser Alltagsmut entscheidet über die Qualität und die Richtung unseres Lebens. In meinen Mutinterviews sind mir Menschen begegnet, die sagten:

- »Es braucht Mut, im Berliner Straßenverkehr, Rad zu fahren.«
- »Ich brauche jedes Mal neuen Mut, um fremde Menschen anzusprechen.«
- »Es kostet mich Mut, vor einer Gruppe Menschen zu sprechen.«
- »Ich brauche Mut, um meine kranke Mutter zu pflegen.«
- »Ich gehe jeden Tag in meinen Job, mit all meinem Mut im Gepäck, und übernehme Verantwortung für 20 Mitarbeiter und ihre Familien.«
- »Ich stehe gerade meine 3. Chemotherapie-Serie durch. Ohne mir selbst Mut zuzusprechen, würde ich es nicht schaffen.«
- »Ich bin Single, selbständige Unternehmerin und versorge 3 Kinder. Dafür brauche ich Mut.«

Was auch immer wir in unserem Alltag zu bewältigen haben, ganz oft verlangt es uns eine große Portion Mut ab. Wir stellen uns unserem Leben und wachsen täglich über uns hinaus. Tun wir es nicht, beginnt das Leben zu stagnieren und wir erleben sozusagen das, was uns der Film *Und täglich grüßt das Murmeltier* (1993) von Danny Rubin aufzeigt. Der Protagonist, dieser moralischen Fabel, sitzt in einer Zeitschleife fest und erlebt täglich denselben Tag.

Letztlich erlöst er sich von den Beschränkungen, die sein Leben prägten. Gerade, weil diese Art des Mutes so alltäglich erscheint, wird der Alltagsmut zu wenig gewürdigt. Wir nehmen ihn oft nicht wahr, dabei würde ein achtsamer Blick auf die Menschen um uns herum und auf das, was sie leisten, ihren und unseren eigenen Alltagsmut stärken. Mut trägt uns durch unseren Alltag.

Der Übermut
Vor Übermut wird allgemein gewarnt. Warum? Weil er *über* dem Mut steht. Wenn Kinder ausgelassen herumtoben und sich trauen, die Eltern etwas kesser zu necken, kommt ihnen meist ein freundliches »Werde bloß nicht übermütig!« entgegen. Kennen Sie solche Aussprüche wie »Der Vogel, der morgens singt, den holt abends die Katze«, »Schuster bleib bei deinen Leisten« oder »Lieber den Spatzen in der Hand als die Taube auf dem Dach.« Alle diese Glaubenssätze vermitteln uns, dass wir nicht den Boden unter den Füßen verlieren und nicht abheben sollten. Die Frage ist, wo hört Mut auf und wo fängt Übermut an?

Da Mut ein individuelles Phänomen ist, ist auch die Grenze, an der Mut anfängt und aufhört, nicht immer eindeutig zu bestimmen. Dennoch werden wir mit einem gesellschaftlichen Urteil konfrontiert, wenn wir eine »imaginäre Grenze« überschreiten. In der Wahrnehmung anderer kann unser Verhalten, über diese imaginäre Grenze hinaus eine Reaktion wie »Das ist zu viel des Mutes« auslösen. Es ist deshalb eine Frage der persönlichen Freiheit, wieviel Mut ich mir und anderen zu*mute*. Klug ist, wer seinen Mut mit einer Risikokompetenz zusammenbringt. Es gibt Menschen, die dem Reiz des Wagnisses nicht widerstehen können und sich hochriskanten Situationen aussetzen. Ob das echter Mut oder ob es Übermut ist, ist eine moralische Frage, die jeder unterschiedlich beantworten würde. Mutproben, die darauf abzielen, das Ego aufzublasen, zeugen meist von einer stark ausgeprägten Selbstüberschätzung desjenigen, der die Mutprobe einfordert und desjenigen, der sie annimmt. Das reicht von Leichtfertigkeit (das hätte ich wissen müssen) bis hin zu Mutwilligkeit (ich mache es trotzdem).

Ist das Hochmut? Auf einer Karte las ich unlängst: »Unser Mangel an Pessimismus ist katastrophal.« Er öffnet Über- und Hochmut in einer komplexen Welt die Tür. Der Mut wird dann bei der Bewältigung der Komplexität nicht mit einer Risikokompetenz zusammengebracht, sondern übersteigert: Alles ist möglich. Nichts ist unmöglich?

1. Weiter und größer Denken: JA
2. Machbarkeitswahn: NEIN

Der Wahn zu glauben, alles machen zu müssen oder zu wollen gepaart mit Selbstüberschätzung führt zum Übermut. Menschen werden innerhalb ihrer Motivation verführt. Der wichtigste Gegenspieler des Übermuts ist die De-Mut. Sie hilft uns, dem Übermut nicht unreflektiert zu verfallen und erdet uns in einem stabilen Selbstbild.

Der Hochmut
»Hochmut kommt vor dem Fall«, sagt der Volksmund. Das wussten schon unsere Großeltern und mahnten uns als wir Kinder waren zur Bescheidenheit. Dieser Mut zeugt von »grenzenloser« Arroganz und ist mit einem falschen Stolz gepaart. Aufgrund ihres überschätzten Ich sehen diese Menschen Risiken nicht, geraten schnell in ein krankhaftes Gewinnerstreben. Ich kann es besser als du. Manchmal passiert es, dass Menschen, aber auch Unternehmen, ihr Erfolg regelrecht zu Kopf steigt. Sie überhöhen sich und verlieren den Blick auf eine eindeutige Sicherheitsabwägung. Die Balance von Mut und Demut fehlt auch hier. Was ist mein Antrieb, dieses Wagnis einzugehen? Mit der Beantwortung dieser Frage lässt sich Mut differenzieren. Echter Mut hat im Gegensatz zum Hochmut und auch dem »ausgelassenen« Übermut einen ethisch-moralischen Antrieb (das gemeinschaftliche Zusammenleben und Wertebewusstsein der Gesellschaft integrierend) und ist auf einem gesunden Selbstbewusstsein gegründet. Selbst-bewusst gepaart mit ausgleichender Demut können wir dem Hochmut entkommen.

Der Gleichmut

Gleichmut beschreibt den Zustand, wenn ein Mensch innerlich abgeklärt zu sein scheint. Gleichmut steht für unsere innere Balance und Ausgeglichenheit. Wenn wir gleichmütig sind, jagen wir weder den erfreulichen Erfahrungen hinterher noch schieben wir die unliebsamen Erlebnisse von uns weg. Wir gehen stattdessen ausgewogen mit unseren Erfahrungen um. Gleichmut, so scheint es, passt so gar nicht in unsere schnelle Zeit. Doch es ist ein Mut, zu dem wir uns gerade heute immer wieder hingezogen fühlen sollten. Mit ihm erwerben wir die Kompetenz, in schwierigen Zeiten innezuhalten und Ruhe zu bewahren. Wie oft handeln wir aus dem Affekt heraus viel zu schnell und überhitzt, treffen voreilig Entscheidungen und lassen uns von unserer Umwelt antreiben? Gleichmut gibt uns eine innere Basis und lässt uns aus der Ruhe heraus fokussiert handeln. Er hilft uns, aus dem Reagieren in ein bewusstes Agieren zu kommen. In der Achtsamkeitstheorie wird Gleichmut als ein »Seinszustand« definiert. Wir sind uns dabei des vorbeiziehenden Gedankenstroms bewusst. Unsere Gedanken kommen und gehen. Allerdings lassen wir uns nicht von ihnen und den aus ihnen resultierenden Gefühlen verwickeln. Innerhalb einer Meditationspraxis können wir diesen Daseinszustand üben, um letztlich nicht nur auf der Yogamatte, sondern auch im Alltag in Gelassenheit zu leben. Ein ruhiger Geist führt uns in die Klarheit und öffnet das Tor, mutig zu sein.

Die Demut

Die Demut ist ein unterschätzter Wert. Sie wird gern als längst veraltete Tugend degradiert, obwohl es echten Mut nicht ohne Demut geben kann. In Demut zu sein bedeutet, bescheiden und natürlich zu leben. Demütig sein heißt, sich nicht von anderen Menschen niederträchtig behandeln zu lassen und sich selbst nicht über andere Menschen zu stellen. Wir brauchen nichts zu tun, um in Demut zu sein, außer das Gute in uns aufzunehmen. Demut lehrt, wir sollten entspannter sein und uns davon befreien, was andere über uns denken. Alles was wir tun, tun wir so gut, wie wir können. Wir müssen nichts Besonderes sein. Wenn wir versuchen, etwas zu tun, um anderen zu gefallen, sind wir in dem Glauben, Liebe und Unterstützung verdienen zu müssen. Demut jedoch steht in enger Verbindung zu unserer Selbstliebe. In der heutigen Welt, in der wir viel mit der Präsentation unserer selbst beschäftigt sind, definieren wir uns über Likes und Follower auf Facebook, Instagram und in anderen Social-Media-Kanälen. Wir blicken permanent auf das Feedback, das wir von unserer Außenwelt erfahren und trauen uns selbst nicht, uns gelassen und ausführlich im Spiegel anzuschauen. Demut tut uns gut, denn sie sagt uns: Du bist gut so wie du bist. Mit allen deinen Stärken und Schwächen bist du unperfekt perfekt. Lassen wir also wieder mehr Demut in unser Leben eintreten.

Der Unmut

Der Unmut steht für Ärger, Empörung und Unzufriedenheit. Es gibt wohl keinen Menschen, der noch nie »unmütig« war. Spätestens dann, wenn Dinge nicht so laufen, wie wir sie erwarten, kann uns Unmut packen. Dann kann es passieren, dass alle Enttäuschung und aller Ärger emotional ausbrechen und wir heftig reagieren. Ein solches Handeln aus der Verzweiflung oder aus Wut ist lediglich ein Handeln aus einem Affekt. Ihm fehlen die Haltung und die Anbindung an unser Herz. Vielleicht sind wir, aus genannten Emotionen, plötzlich ganz in uns gekehrt und der Ärger lässt uns einfach nicht mehr los. Wir trauern und trauen uns nicht, wir sind ohne Mut. Im Unmut sind wir mutlos. So wie uns Mut anstecken kann, steckt leider auch Unmut an. Im Kreis von ständig jammernden oder schimpfenden Menschen können wir im Strudel des Unmuts mitgerissen werden. Der Mensch sucht als Beziehungswesen nach Zugehörigkeit. Diese Kraft der Verbundenheit spüren wir z. B. im Freudenmeer eines großen Konzerts im Stadion. Unmut kann aber auch Menschen in ihrer Empörung und Unzufriedenheit zusammenschweißen. Dass haben zum Beispiel die Demonstrationen gezeigt, die sich 2020 gegen die Politik zur Zeit der Covid-19-Pandemie wehrten. Verschiedenste, teils feindliche Gruppierungen nehmen eine gemeinsame Protesthaltung ein, um ihrem

Unmut Luft zu machen. Unmut hat folglich so gar nichts von dem Wind der Veränderung, den wir dringend brauchen. Er enthält vielmehr Schuldzuweisungen, Anklagen und Opferhaltungen, die eine aktive Gestaltung der Gegenwart und der Zukunft blockieren und sogar verweigern. Aus ihm herauszutreten, braucht einen motivierenden Horizont und den Willen, selbst zu gestalten. Wenn wir uns in einem Umfeld von ermutigenden Menschen aufhalten, die eigenverantwortlich gestalten, dann verlässt uns der Unmut glücklicherweise fast automatisch.

Der Sanftmut

Es geht manchmal schon sehr grob im Alltag zu. Da wird gemobbt, angerempelt, vorgedrängelt, gepöbelt, gebrüllt, mit dem Kopf geschüttelt und manchmal sogar der Stinkefinger aus dem Autofenster gezeigt. Auch mit uns selbst gehen wir nicht immer sanft um. Wir sind zu langsam, zu dick, zu langweilig, zu ungeschickt usw. Als ein Mängelwesen versuchen wir uns ständig zu optimieren. Ein sanfter Mut würde uns in solchen Momenten liebevoll befreien und uns erkennen lassen, wie wertvoll wir trotz aller vermeintlichen Schwächen und Fehler sind. Sanftmut schließt eine angemessene Durchsetzungskraft und Willensstärke nicht unbedingt aus. Sanftmütig steht in der Bedeutung von freundlich, milde, gütig, herzlich und warm. Sanftmut ist die weise Tugend, mit Freundlichkeit und Einfühlungsvermögen auf andere zuzugehen und uns selbst zu begegnen. Es lohnt sich, den sanften Mut in unser Leben zu holen, denn er macht unser und das gemeinschaftliche Leben herzlicher.

Der Edelmut

Der edle Mut rührt aus den frühen Zeiten des hochmittelalterlichen Rittertums. Er ist nah an die ursprüngliche Bedeutungsgabe des Mutes geknüpft, den »hohen Mut«. In der Kultur des Mittelalters beschreibt er ein edles Gemüt. Edel steht dabei für die Herkunft aus dem Adel, für »adlig«. Mutig bedeutet im Sinne des Edelmuts Tugendhaftigkeit. Er trägt Rechtschaffenheit und die Aufopferung des Einzelnen für die Gemeinschaft in sich und vereint alte Ritterideale: mutig sein, Vergebung üben, Schutzbedürftigen (Alten, Kranken) helfen, keine Rache ausüben, großzügig sein, ruhig und gelassen bleiben, sich selbstlos, uneigennützig und freundlich zeigen. Was können wir davon in die heutige Zeit und unsere moderne Welt tragen? Mutig sein bedeutet auch heute, hohe Ideale zu verfolgen, sich für eine gute Sache einzusetzen, sich in Liebe um andere zu kümmern und wohltätig zu sein. Edelmut zeigt auf, dass Mut einer edlen Natur entspringt. Ich glaube, wir brauchen gerade heute mehr davon. Sich mutig in den Dienst anderer und der Gemeinschaft zu stellen, ist ein Kernstück einer Mutkultur. So wie in der Heldenmythologie der Held mutig im Einsatz für andere unterwegs ist, so dürfen wir uns besinnen, in welcher Form wir uns für unsere Mitmenschen und die Gesellschaft einsetzen können. Von Edelmut getragen zu sein, reicht auch heute vom Wunsch, Gutes zu tun, sich für Hilfebedürftige einzusetzen, Wohltätigkeit zu üben, bis dahin, eigene Bedürfnisse selbstlos zurückzustellen und den Interessen der Gemeinschaft zu folgen. Alte, vergessene Tugenden wie den Edelmut unter den Bedingungen unserer Zeit wiederzubeleben, bereichert unser Zusammenleben. Nur weil diese Tugenden aus längst vergangenen Epochen stammen, sind sie nicht hinfällig. Angenommen, ich wäre »edelmütig«, was würde ich dann tun? Was bedeutet Edelmut für Sie?

Der Wagemut

»Wer wagt, gewinnt!« ist eine bekannte Redewendung. Der Wagemut kommt kühn daher. Es ist der Mut zum Risiko. Ohne ihn gäbe es keine Veränderung. Wann immer wir die Rolle eines Gestalters annehmen, kommt Wagemut ins Spiel. Wagemutig zu sein heißt, etwas aufs Spiel zu setzen. Wagemut schließt aber mit ein, dass wir für etwas losziehen, das sich lohnt. Wir nehmen ein Wagnis an, um etwas zu erreichen, das für uns wesentlich und damit sinnhaft ist. Wer wagemutig ist, geht neugierig in die Welt und ist bereit, ein angemessenes Risiko einzugehen. In diesem Buch werde ich auf diese Spielart des Mutes noch einige Male zurückkommen, denn Wagemut und Veränderung gehen Hand in Hand. Am Anfang war der Mut ... um über sich hinauszuwachsen, etwas zu verändern, proaktiv zu handeln und zu gestalten. Mut ist die Tür zur Veränderung und damit zu einer Zukunft, wie wir sie uns wagemutig erträumen.

Der Zukunftsmut

Mut zur Zukunft oder Zukunftsmut ist die Voraussetzung dafür, unsere Ziele und Träume für unser Leben zu ermöglichen. Wenn wir uns eine Zukunft erschaffen wollen, wenn wir gesellschaftlich, unternehmerisch und persönlich eine Vision unserer Zukunft haben, dann ist die wichtigste Voraussetzung, dass wir Zukunftsmut besitzen. Zukunftsmut bedeutet,

1. zuversichtlich in Bezug zu unseren Vorhaben zu sein,
2. in unserer Selbstwirksamkeit gestärkt zu sein,
3. über einen realistischen Optimismus zu verfügen: Wunder sind möglich und die Zukunft ist offen. Risiken werden erkannt und benannt, abgewogen und mit Blick auf das Ziel bewältigt. Es gibt eine Chance, die wir ergreifen. Zukunftsmut ist eine Form des Wagemuts. Wenn wir unseren Zukunftsmut kultivieren, wächst die Chance, dass wir in einer Zukunft leben, die wir uns heute noch erträumen.
4. über Resilienz, sogenannte »Stand-up Qualitäten«, zu verfügen. Unsere innere Widerstandskraft lässt uns gestärkt aus Niederlagen hervorgehen und wachsen.

Was ist eigentlich Mut?

Als ich aus gesundheitlichen Gründen einmal besonders viel Mut brauchte, habe ich mich das erste Mal gefragt, was Mut eigentlich genau ist. Im Jahr 2015 begann ich dann, mit vielen Menschen über das Thema Mut zu sprechen, habe einen Podcast und die Mutinitiative »Mutausbrüche« ins Leben gerufen. Nach Auswertung meiner Mutumfragen, der Mutinterviews, einer Vielzahl von Gesprächen mit Menschen aus den verschiedensten gesellschaftlichen Bereichen und nach vielen Recherchen freue ich mich, Ihnen im Folgenden die »Essenz des Mutes« vorstellen zu dürfen.

Wo der Mut herkommt

Das Wort »Mut« stammt ursprünglich aus dem indogermanischen *mo-*: sich mühen, starken Willens sein, heftig nach etwas streben. Die germanische Wurzel *moda-* wiederum steht für Sinn, Mut und Zorn. Ähnlich wird die althochdeutsche Auslegung *muot* mit Sinn, Seele, Geist, Gemüt, Kraft des Denkens, Empfindens und Wollens beschrieben.[4]

Der Begriff »Mut« wurde schon im 12. und 13. Jahrhundert in der epischen Dichtung des Mittelalters und im Minnesang als »Hoher Mut« verwendet. Diese Bedeutung im Sinne von Hochherzigkeit und Edelmut beschreibt die Tugenden eines edlen Ritters. Seit dem 16. Jahrhundert hat man Mut dann als Tapferkeit bezeichnet.

> *Tapferkeit ist die Fähigkeit, in einer schwierigen, mit Nachteilen verbundenen Situation trotz Rückschlägen durchzuhalten. Sie setzt Leidensfähigkeit voraus und ist meist mit der Überzeugung verbunden, für übergeordnete Werte zu kämpfen. Der Tapfere ist bereit, ohne Garantie für die eigene Unversehrtheit einen Konflikt durchzustehen oder einer Gefahr zu begegnen. Oft – aber nicht notwendigerweise – will er damit einen glücklichen Ausgang herbeiführen. Im heutigen Sprachgebrauch werden Mut und Tapferkeit bisweilen auch als Begriffspaar verwendet, um zwei verschiedene Aspekte einer komplexen Charaktereinstellung zu kennzeichnen.*[5]

In der historischen Entwicklung entstanden nun zahlreiche weitere Wortableitungen (vom Hochmut bis zum Übermut, siehe das vorangegangene Kapitel), bis Mut als eine »wertungsfreie« Tugend und Zukunftskompetenz eingestuft wurde.

---

4 Wikipedia, *https://de.wikipedia.org/wiki/Mut*, Stand: 06.10.2020.
5 Wikipedia, *https://de.wikipedia.org/wiki/Tapferkeit*, Stand 06.10.2020.

Was heißt Mut für Sie? Ein paar Impulse

Das sagen die Teilnehmer meiner Mutumfragen über Mut. Dieser Auszug aus meinen Umfragen ist ein bunter Blumenstrauß voller Mut und mitten aus der Praxis.

Mut ist, ...

1. ANGST
- ... seine Ängste zu überwinden und weiterzugehen.
- ... die eigenen Ängste zu überwinden und etwas Neues zu wagen.
- ... trotz meiner Ängste weiter zu machen.
- ... stärker zu sein als meine Angst.
- ... etwas zu wagen, was mir Angst macht.
- ... die Angst zu überwinden, und meinem Bauchgefühl zu folgen.
- ... mit Bewusstsein und Bedacht gewissen Ängsten ins Auge zu sehen, sie anzugehen.
- ... seine persönlichen Grenzen und Ängste zu kennen und zu überwinden.
- ... in der Angst Klarheit zu bekommen und einen Schritt nach vorn zu machen.
- ... sich der Angst zu stellen, ohne sicher zu wissen, dass man nicht scheitern wird.
- ... sich zu fürchten und etwas trotzdem zu tun.
- ... anzuerkennen, was ist, auch die Angst. Und dann: Los!

2. RISIKO / UNSICHERHEIT
- ... trotz Risiko, Unsicherheit und Angst zu handeln.
- ... bewusst ein Risiko einzugehen, um daran zu wachsen.
- ... Grenzgänger zu sein.
- ... trotz eines abwägsamen Risikos etwas Lohnenswertes zu wagen.

Mut ist, ...

- ... neue Wege zu gehen, abseits des schon Bekannten.
- ... Fehler zu machen und darauf zu verzichten, alles unter Kontrolle zu haben.
- ... Projekte zu machen, ohne vorher zu wissen, wie sie ausgehen werden.
- ... ein Projekt, ein Unternehmen wirklich zu starten und vorher das Risiko bewusst kalkuliert zu haben.
- ... der Umgang mit Chancen und Risiken.
- ... außergewöhnliche Dinge umzusetzen, ohne Netz und doppelten Boden.
- ... einen Schritt ins Ungewisse zu gehen, einfach mal etwas zu wagen.
- ... das Neue trotz meiner Zweifel auszuprobieren.
- ... etwas ganz Neues zu beginnen, auf das ich mich einlasse, ohne zu wissen, was am Ende dabei herauskommt.
- ... etwas Neues auszuprobieren, weil man davon überzeugt ist.
- ... Dinge, die mir wichtig sind, zu beginnen, auch wenn ich damit eine vermeintliche Sicherheit aufgebe.

3. KOMFORTZONE
- ... seine Komfortzone immer wieder aufs Neue zu verlassen.
- ... aus der Komfortzone auszubrechen.
- ... raus aus der Komfortzone und rein ins Ungewisse zu gehen.
- ... die Komfortzone zu verlassen und bereit zu sein, *out-of-the-box* zu denken.
- ... Selbstüberwindung.
- ... Grenzen und Glaubenssätze zu überwinden.
- ... mich etwas zu trauen, was mir schon lange auf der Seele brennt.

Mut ist, …

- … mich den täglichen Herausforderungen zu stellen.
- … neue Herausforderungen zu suchen.
- … etwas Schwieriges in Angriff zu nehmen.
- … mich immer wieder auf unbekanntes Terrain vorzuwagen.
- … außerhalb des eigenen Komforts und Vertrautens zu handeln.
- … über seinen Schatten zu springen.
- … die eigenen Grenzen zu überwinden.
- … Grenzen zu erweitern und Neuland zu betreten.
- … über mich hinauszuwachsen, Sachen zu tun, Dinge zu sagen, die ich mir bisher nicht zugetraut hätte.
- … die eigene Trägheit zugunsten einer sichtbaren und von mir ausgelösten Veränderung mit offenem Ausgang zu überwinden.
- … ausgetretene Pfade zu verlassen, unbekanntes Land zu betreten oder manchmal auch gegen den Strom zu schwimmen, weil es mir wichtig ist.

4. LERNEN
- … mich meinen Lebensthemen zu stellen.
- … meine eigene Entwicklung authentisch voranzutreiben.
- … zu seinen Fehlern zu stehen.
- … Fehler machen zu dürfen, mich selbst trotzdem dafür zu lieben und zu lernen.
- … die Motivation, neue Dinge zu lernen und wichtige Erfahrungen zu sammeln.
- … der ständige Wechsel von Lernen und Handeln.

5. VERANTWORTUNG
- … andere zu ermutigen.
- … vollkommene Verantwortung zu übernehmen.

Mut ist, ...

- ... Verantwortung zu übernehmen und nicht auf die Umstände oder Schuld anderer zu zeigen.
- ... sich aus der Opferfalle zu bewegen.

6. HALTUNG
- ... bewusst in Richtung eines moralisch lohnenden Ziels zu handeln.
- ... eine bewusste Haltung zu den eigenen Themen einzunehmen, bei denen entwicklungsmäßig noch ordentlich Luft nach oben ist.
- ... jeden Tag neu zu meistern und dankbar zu sein.
- ... meine innere Haltung im Außen zu leben.
- ... meine Überzeugung klar zu vertreten.
- ... unerschrocken zu sein.
- ... immer wieder aufzustehen.
- ... aufstehen auch für andere, die das nicht (mehr) können.
- ... immer weiterzumachen.
- ... Nein zu sagen, wo ein Ja erwartet wird oder auch umgekehrt. Haltung!
- ... genau hinzusehen, nachzufragen, aufzuzeigen.
- ... nicht locker zu lassen, hartnäckig zu bleiben. Gegenwind zeigen.
- ... immer wieder zu verzeihen.
- ... einen neuen Weg zu beginnen, wenn man hingefallen ist, wieder neu aufzustehen und seine Ziele zu verfolgen.
- ... für mich und meine Überzeugungen einzustehen, unabhängig davon, was das Außen zu ihnen sagt.
- ... zum Gesamtpaket Ja zu sagen.
- ... das Leben als Prozess zu begreifen.
- ... mit dem Kopf zu denken, mit dem Bauch zu entscheiden und der Stimme seines Herzens zu folgen.
- ... einfach zu machen.

Mut ist, ...

- ... Fehler zu machen und zu ihnen stehen.
- ... sich nicht zu schämen, wenn man nicht weiterkommt und sich Hilfe holen muss.
- ... Courage!

7. ICH SEIN

- ... für die eigenen Überzeugungen einzustehen.
- ... ich selbst sein.
- ... wenn alle anderen eine Meinung haben, und ich trotzdem sage, dass ich nicht einverstanden bin.
- ... anders zu sein als die anderen.
- ... unangepasst zu sein.
- ... gegen den Strom zu schwimmen.
- ... so zu werden, wie man wirklich ist.
- ... immer ich selbst zu bleiben.
- ... zu tun, was ich für richtig halte.
- ... mit dem Herzen zu handeln statt mit dem Kopf.
- ... zu sich selbst zu stehen.
- ... sich selbst treu zu bleiben.
- ... meinen eigenen Weg zu gehen, auch wenn andere diesen nicht nachvollziehen können.mich selbst kennenzulernen und fühlen zu wollen.
- ... und seine eigenen Ziele zu verfolgen, egal was die anderen denken.
- ... zum eigenen Handeln und seiner Meinung zu stehen, unabhängig von der Meinung anderer.
- ... meinen inneren Überzeugungen zu folgen.
- ... mein Leben zu leben, wie es mir gefällt.
- ... jederzeit das Leben zu leben, dass ich leben will.
- ... zu sein, wer man ist und zu tun, was man will.
- ... ich selbst zu sein, mit all meinen Facetten.
- ... Gefühle zu benennen.

Mut ist, ...

... seinen Weg zu gehen, unabhängig davon, was andere denken oder sagen.
... den Weg zu gehen, mit dem ich mich lebendig fühle, und nicht den, der mir vernünftig erscheint.
... zu mir zu stehen und zu dem, was ich will und was ich nicht will, was ich kann und was ich nicht kann, was mir weh tut und was mir guttut.
... über mich hinauszuwachsen und mich dabei wohlzufühlen.
... ein hohes Selbstwertgefühl zu entwickeln.

8. ZUKUNFT GESTALTEN

... im Hier und Jetzt anzufangen, denn das Morgen ist nur eine Armlänge entfernt.
... sein Denken und seine Wahrnehmung aktiv einzusetzen.
... zu handeln.
... vorwärts zu gehen.
... immer wieder von vorn zu beginnen.
... immer wieder unbekannte Dinge zu tun.
... für Veränderungen bereit zu sein.
... neue Möglichkeiten zum Leben zu erwecken.
... an meine Träume zu glauben und alles dafür zu tun, dass sie in Erfüllung gehen.
... meine Träume zu leben.
... Entscheidungen zu treffen.

9. FREIHEIT

... Konventionen zu hinterfragen und zu überwinden.
... Nein zu sagen.
... zu leben.
... wirklich frei zu leben.
... das zu tun, was einem wichtig ist.

Mut ist, ...

- ... die inneren und die äußeren Grenzen beim Beschreiten neuer Wege zu überwinden.
- ... Freiheit, Stärke, Selbstreflexion.
- ... aus der Anpassung herauszutreten.
- ... Konventionen loszulassen und andere Meinungen zu respektieren, ohne die damit verbundenen Erwartungen erfüllen zu wollen.
- ... Begrenzungen zu überwinden.

10. NEUGIER
- ... dass meine Neugier stärker ist als meine Angst.
- ... die Überwindung der eigenen Angst und sie mit Zuversicht und Neugier zu ersetzen.
- ... immer offen zu sein für Neues.

11. VERTRAUEN
- ... in die eigene Kraft zu vertrauen.
- ... zu vertrauen.
- ... Vertrauen zu lernen.
- ... intuitiv zu handeln.
- ... den ersten Schritt bewusst zu gehen.
- ... eine Sache zu tun, von der man aus tiefstem Herzen überzeugt ist, auch wenn es nicht der sichere Weg ist.

Jede der beispielhaften Aussagen macht deutlich, wie vielschichtig Mut für uns Menschen tatsächlich sein kann. Und sie zeigen auf, wo wir gerade in unserem Leben stehen, aus welcher Perspektive wir das Leben aktuell betrachten.

Was heißt Mut für Sie?

Die Essenz des Mutes

Auch in meinen Interviews und Gesprächen haben meine Gesprächspartner oft wichtige Grundaussagen aus ihrem Umgang mit Mut abgeleitet. Sie zeigen, dass Mut eine grundlegende Essenz der individuellen Gestaltung des Lebens ist und entsprechend facettenreich darstellt:

- Mut ist individuell.
- Mut ist vom Kontext abhängig.
- Mut ist nur Mut mit Sinn.
- Mut kann man lernen.
- Mut ist wie ein Muskel.
- Mut hat einen starken Willen.
- Mut macht Mut.
- Mut kann man machen.
- Mut ist manchmal laut und manchmal leise.
- Mut ist die Eingangstür zur Veränderung.
- Mut beginnt im Kopf.
- Mut macht Erfolg.
- Mut haucht neues Leben ein.
- Mut ist Freiheit.
- Mut ist eine Idee von mir und von Welt.
- Mut macht Hoffnung.
- Mut ist der Anfang von allem.
- Mut kreiert Leben.
- Mut schafft Zukunft.
- Mut ist, rechtschaffend zu sein.
- Mut trägt durch die Angst.

Was für eine Ode an den Mut! Sicher könnte man noch viele weitere Essenzen finden. Doch was viel entscheidender ist, dass jeder von uns seine ureigene Essenz findet.

> **Die Essenz des Mutes ist für mich …?**
>
> In welcher Situation würden Sie gern mehr wagen? Was würde sich für Sie verändern?

Mut – ein gescheiterter Definitionsversuch
Bei all den vielen individuellen Zuschreibungen zum Thema Mut ist es gar nicht so einfach, alles in einer einzigen Definition zusammenzufassen. Inmitten meiner Recherchen wurde mir schnell klar, wenn ich das versuche, dann wird die Definition eine halbherzige bleiben müssen. Jeder Versuch, Mut begrifflich einzugrenzen, würde ihn nie vollständig abbilden. Interessante Sichtweisen würden außer Acht gelassen. Deshalb möchte ich, statt eine starre Definition aufzustellen, Sie dazu einladen, das Thema offen zu halten und selbst Ihre persönliche Definition von Mut zu finden: Mut ist … und Mut ist auch … Eine weite Definition, die für uns alle gelten könnte, könnte sein:

*Mut ist Handeln trotz der Angst
und durch die Angst!*

Gleichzeitig ist dies die wohl auch die kürzeste Definition überhaupt.
Mut bedeutet, zu handeln, gerade dann, wenn wir Angst haben. Sie dürfen Angst haben und auch mal mutlos sein, sich verirren und Fehler machen. Mutig zu sein bedeutet, für eine uns wichtige Sache bereit zu sein und dafür ein Wagnis einzugehen. Wir gehen dabei durch die Angst hindurch. Man nennt dies in der Psychologie eine »gerichtete Motivation«.
Lassen wir uns also ermutigen, unsere Angst in Mut zu verwandeln. Es ist völlig normal, Angst zu haben. Ich gehe durch sie hindurch und wachse. Sie ist ein völlig natürlicher Teil unseres Lebens. Im Großen wie im Kleinen, im Job wie im Leben, im Unternehmen

oder in der Gesellschaft: Angst ist ein Maßstab für unsere Orientierung. Sie sagt uns: Erst wägen, dann wagen.

Die Antworten der von mir befragten Menschen zeigen, dass Mut nicht eine einzige, gültige Definition hat, sondern dass Mut so vielseitig ist wie die Menschen, die ihn ausleben. Alle diese Mutbeschreibungen vereint jedoch das Folgende:

a) die Überwindung von Angst und
b) die Handlungsrichtung des Mutes (z. B. trete ich *für* jemanden ein oder richte ich mich *gegen* etwas).

Könnte die Handlungsrichtung des Mutes auch ein negativer Antrieb sein? Würden wir eine negative Absicht oder Haltung auch als mutig beschreiben? Ein klassischer Raub zum Beispiel, wie es der Jahrhundertdiebstahl von Juwelen aus dem Grünen Gewölbe in Dresden im Jahr 2019 war. War das mutig? Oder wie steht es um den sympathischen Leonardo DiCaprio in seiner Gangster-Rolle im Film *Catch me if you can*? DiCaprio verkörpert dort einen jungen Hochstapler und Scheckfälscher, der die Trennung seiner Eltern, inmitten finanzieller Probleme, nicht verkraftet und in der Illusion das Familienglück wiederherstellen zu können, auf kriminelle Abwege gerät. Die Geschichte basiert auf einem wahren Hintergrund und erzählt von Frank Abagnale, der heute mit seinem Unternehmen Abagnale & Associates in Sachen Scheckbetrug und Dokumentenfälschung berät. Ist das mutig? Diese Frage kann nur jeder für sich selbst beantworten. Ich möchte sie verneinen und dem Mut eine positiv gerichtete Motivation zuschreiben, indem ich mich am Edelmut orientiere. Demgegenüber ist meines Erachtens ein negativer Antrieb ein kriminelles Handlungsmotiv und eher eine besondere Form des Hochmutes. Die Bereitschaft ein Wagnis einzugehen, wie z. B. das eines Raubs, ist kein echter Mut, weil es kein ethisch-moralisches Motiv gibt, die Handlung dem harmonischen Zusammenleben der Gemeinschaft widerspricht und gesellschaftliche Werte und Rechte missachtet werden. Auch die etymologische Ableitung des Mutbegriffs folgt diesem Grundgedanken:

»Mutig sein bedeutet also in erster Linie, einen rechtschaffenen Lebensweg einzuschlagen und die Aufopferung des Einzelnen für die Gemeinschaft.«[6]

Im *Duden*[7] finden Sie folgende Definitionen von »Mut«:

> a) *die Fähigkeit, in einer gefährlichen, riskanten Situation seine Angst zu überwinden; Furchtlosigkeit angesichts einer Situation, in der man Angst haben könnte. Z. B. »großer Mut«.*
>
> b) *die grundsätzliche Bereitschaft, angesichts zu erwartender Nachteile etwas zu tun, was man für richtig hält. »politischer Mut«.*

Bei *Wikipedia*[8] wird Mut hingegen folgendermaßen beschrieben:

> *Mut, Wagemut, Beherztheit bedeuten, dass man sich traut und fähig ist, etwas zu wagen, das heißt, sich beispielsweise in eine gefahrenhaltige, mit Unsicherheiten verbundene Situation zu begeben.*
>
> *Diese kann eine aktivierende Herausforderung darstellen wie der Sprung von einem Fünfmeterturm ins Wasser oder die Bereitschaft zu einer schwierigen beruflichen Prüfung (individueller Hintergrund). Sie kann aber auch in der Verweigerung einer unzumutbaren oder schändlichen Tat bestehen wie einer Ablehnung von Drogenkonsum oder einer Sachbeschädigung unter Gruppenzwang (sozialer Hintergrund einer Mutprobe).*

---

6 Stangl, W., Stichwort: Mut, in: *Online Lexikon für Psychologie und Pädagogik*, https//lexikon.stangl.eu/24992/mut/, Stand 07.10.2020.
7 www.duden.de/rechtschreibung/Mut, Stand 07.10.2020.
8 www.wikipedia.org/wiki/Mut, Stand 07.10.2020.

Mutproben enthalten Momente eines Wettbewerbes. Das kann ein spielerisches Vergleichen sein, aber auch die Intention in sich tragen, sich beweisen zu wollen. Das wäre ein Beweis meiner Eigenstärke für mich selbst: »Ich kann das.« In Bezug auf eine Bewertung aus dem Außen könnte es um das Erhaschen von Bewunderung oder um Beifall gehen: »Schaut mal, was ich kann.« Was für den einen eine Mutprobe ist, ist sie für den anderen nicht. Das hängt von den individuellen Schwellen der Angst und dem Ausmaß gemachter Erfahrungen ab. Beim Sprung vom 5m-Brett fehlt die Sinnhaftigkeit des Sprungs. Es fehlt der Sinn, für den wir etwas aufs Spiel setzen. Die Frage ist: Kann uns ein Beweggrund wie Egostärkung oder auch Selbstbeweis als Sinn dienen oder von außen interpretiert werden? Sinn ist das, wofür ich bereit bin, etwas zu wagen. Ohne einen tieferen Sinn als Handlungsantrieb wird aus Mut schnell Übermut. Deshalb muss wahrer Mut mit einer bewussten Sinnhaftigkeit verbunden sein, die meinem Wertekonstrukt zugrunde liegt und den Normen des gesellschaftlichen Zusammenlebens nicht widerspricht.

Und noch etwas Zweites fehlt beim Sprung vom 5m-Brett vor seinen Freunden: Es ist das Agieren aus dem Herzen. Das Wagnis folgt einer Sehnsucht, einem Ziel, enthält einen tieferen Sinn, der sich nicht nur aus dem Kopf ableitet. Wenn von Mut die Rede ist, wird oft auch von »Beherztheit« gesprochen. Auch die oben vorgestellten Ergebnisse meiner Mut-Umfrage zeigen, dass es bei der Frage nach dem Mut, um ein Handeln »aus ganzem Herzen« geht, ein »beherztes« Tun. Herz und Mut liegen eng beieinander. Das lässt sich auch an Wortspielen und berühmten Zitaten ablesen: »Man sieht nur mit dem Herzen gut. Das Wesentliche bleibt für die Augen unsichtbar.« (Antoine de Saint-Exupéry, *Der Kleine Prinz*) oder »sich ein Herz fassen« als Selbstaufforderung oder Aufforderung zum Mut. Über die Definition des Worts »Courage« stoßen wir erneut auf das Herz. Courage wird mit Mut, Kühnheit und Beherztheit definiert. Die Beherztheit ist in der Ableitung des französischen »Coeur« = Herz unmittelbar zu erkennen. Mut bedeutet also auch, aus dem Herzen heraus zu agieren, sich ein Herz zu fassen und beherzt zu leben. Wie oft haben wir uns in Entscheidungssituationen, in denen die Fakten klar auf dem Tisch lagen und wir immer noch unsicher waren, gefragt: Was sagt mir mein Herz? In der Courage finden wir nicht nur die Nähe zur Beherztheit, Courage bedeutet auch, wach zu sein, sich konstruktiv einzubringen, statt wegzuschauen. Das fängt bei Zivilcourage im Kleinen an, wenn sich jemand an der Supermarktschlange vordrängelt, in der Straßenbahn ein Schwächerer angepöbelt wird, im Job der Kollege gemobbt wird, oder jemand rassistisch kommuniziert. Courage ist der Mut, sich einzumischen und verantwortungsbewusst zu handeln.

In der Philosophie wird und wurde Mut – je nach Denkrichtung – ebenfalls vielseitig und differenziert reflektiert.

> *Mut ist die Tugend der Furchtlosigkeit, die auf dem Bewusstsein der eigenen Kraft beruht, während Tapferkeit eine durch Erziehung und Einsicht erworbene Tugend meint. Beide Tugenden erfordern die Überwindung von Angst und Furcht.*[9]

Der antike Philosoph Aristoteles (384 v. Chr.) sieht den Mut zwischen den Extremen von Feigheit und Tollkühnheit, das heißt zwischen Unmut und Übermut. Die Existenzialisten des 20. Jahrhunderts (eine Strömung um Jean Paul Sartre und Albert Camus) haben sich auf ihre Fahnen geschrieben: »Wer nicht wagt, ist tot.« Hier ist Mut eine grundsätzliche Haltung. Dabei geht es um den Versuch, nach Freiheit zu streben und Verantwortung zu übernehmen. Was zählt am Ende wirklich? Die Antwort aus existenzialistischer Sicht lautet:

> *»Jenes Leben gelebt zu haben, was ich leben wollte. Auch wenn es ein Irrtum war.«*[10]

---

9 *https://www.wissen.de/lexikon/mut-philosophie, Stand 07.09.2020.*
10 Vasek, Thomas, Hohe Luft, Philosophie Zeitschrift, Ausgabe 6, 2013, S. 21.

Das heißt: Wir Menschen sind zwar ins Dasein geworfen, doch es liegt an uns, was wir im Einzelnen daraus machen. Das ist eine echte Hommage an den Wagemut, so wie ihn die Menschen schon immer gebraucht haben. Mut ist ein dynamischer Zustand. Abhängig von der Situation müssen wir die Balance zwischen übermäßiger Vorsicht, einem Zögern einerseits und einem voreiligen Handeln andererseits herstellen. Dabei ist es wesentlich, über welche Kompetenzen und Lebenserfahrungen wir verfügen. Mut ist immer eine individuelle Abwägung zwischen einem »befürchteten Risiko« und einer »erhofften Chance«. Mit unserer subjektiven Risikoeinschätzung erhöht oder senkt sich der Bedarf an Mut, den wir individuell aufwiegen müssen.

Mut-Quickie

- Mut ist, trotz Ängsten zu handeln.
- Mut basiert auf einem tieferen Sinn.
- Mut bedeutet Beherztheit: dem Herzen folgen.
- Mut ist das Bewusstsein für die eigene Kraft.
- Courage ist eine besondere Form des Mutes und fordert uns auf, sich einzumischen.
- Mut ist individuell und kontextabhängig.
- Mut ist die Eintrittskarte zur Veränderung.
- Mut steht zwischen Lähmung und Tollkühnheit.
- Mut ist eine Haltung.

Was ist Mut für Sie? Vielleicht haben Sie ab heute eine neue Antwort auf diese Frage!

Mutlos ausgebremst. Mutbremsen auf der Spur

Es ist eine Illusion, dem Leben in allen Situationen stets und ständig voller Mut begegnen zu können. Auch darüber sollten wir nachdenken. Kein Mensch ist und kann immer mutig sein. Das Gute ist, das Wechselspiel von Höhen und Tiefen erschafft unser inneres Wachstum. Gerade in Krisen wächst in uns eine ganz neue Kraft und ein neuer Mut für die Zukunft. Denn wenn wir mutlos sind, sind wir gleichzeitig auch Suchende. Die Frage nach dem *What if?* ist dann oft eine Frage der Zeit, die uns zu unserem Mut zurückfinden lässt.

Mutlos machen uns am meisten die Dinge, bei denen wir glauben, keine Möglichkeiten der Einflussnahme zu besitzen. Ohne unseren Einfluss gleitet für uns das Gefühl von Sicherheit dahin. »Ich habe es nicht in der Hand, dass ...« oder »Hier fühle ich mich machtlos.«

Öffentliche Debatten und das gesellschaftspolitische Leben konfrontieren jeden Einzelnen mit Themen, die immer häufiger das Gefühl von Mutlosigkeit freisetzen: Klimawandel, Covid-19-Pandemie, Rassismus, politischer Rechtsruck, Altersarmut, um nur ein paar der aktuell wichtigsten Themen zu nennen. Der Einzelne fühlt sich diesen Themen gegenüber mut- und machtlos. Was kann er tun? Wenn aus dem einsamen Mut einzelner Menschen eine Mutkultur erwächst, wenn wir gemeinsam mutig handeln, ändert sich diese Perspektive. Beginnen wir also bei uns selbst und schließen wir uns mit unseren Mitbürgern zusammen.

Nicht immer bedarf es einer großen Sache oder gesellschaftlichen, ökologischen oder zum Beispiel moralischen Krise, um sich mutlos zu fühlen. Mut verlässt uns auch im Alltäglichen manchmal. Beim genauen Hinsehen finden wir oft schnell den Grund, der uns still und heimlich ausgebremst hat. Es ist deshalb gut zu wissen und zu reflektieren, was uns genau mutlos macht, wo diese unbewussten »Triggerpunkte« und Muster unserer Persönlichkeitsstruktur liegen, die das Gefühl von Mutlosigkeit erzeugen. Beim nächsten Mal können wir sie dann überführen und in Mut verwandeln.

Oder manchmal ist es einfach nur gut zu wissen: Das ist nur von kurzer Dauer und geht wieder vorbei. Ich habe mich in meiner Umfrage auf die Suche nach ein paar dieser Mutlosigkeiten gemacht, die uns Menschen immer mal wieder befallen. Nachfolgend präsentiere ich eine kleine Auswahl, die Ihnen vielleicht teilweise oder vollständig bekannt vorkommt.

Was macht Sie mutlos?

1. Druck
- Erfolgsdruck
- Leistungsdruck
- Zeitdruck
- Zu hohe Erwartungshaltungen (eigene und fremde)
- Im Hamsterrad leben
- Nicht weiterkommen
- Permanente Veränderungen
- Diskriminierung

2. Ziellos zu sein
- Fehlender Sinn
- Verführerische Bequemlichkeit
- Den nächsten Schritt auf dem Weg nicht erkennen

3. Opferhaltung
- Jammern
- Schuldzuweisungen
- Fehler unter den Teppich kehren
- Gefühl von Machtlosigkeit/Ohnmacht
- Schwarzmalerei

4. Misserfolg
- Ziellos sein
- Absagen bei Bewerbungen
- Übermäßige Kritik

5. Ängste
- Angst, mit meiner Leistung nicht überzeugen zu können
- Angst vor Fehlern
- Angst vor dem Ungewissen
- Zukunftsangst
- Finanzielle Ängste
- Angst, nicht genug zu sein
- Angst, verletzt zu werden
- Angst vor dem Scheitern
- Angst vor Ablehnung

6. Geringes Selbstvertrauen
- Wiederholte Rückschläge
- Selbstzweifel/fehlendes Zutrauen in mich
- Meine eigenen negativen und blockierenden Gedanken
- Das Gedanken-Karussell im Kopf
- Nicht an mich selbst glauben zu können

7. Unsicherheiten
- Wenn das Leben Pläne durchkreuzt
- Keinen Sinn erkennen
- Führung ohne Strategie
- Stillstand

8. Unveränderbares (gefühlt)
- Kriege
- Umweltkatastrophen
- Gewalt
- Bürokratie
- Abhängigkeit
- Akzeptanz von fehlender Gestaltungsmacht

9. Sorgen
- Die Sorge, nicht ernst genommen zu werden
- Die Sorge um nahestehende Menschen

- Schwere Krankheiten
- Schmerzen
- Fehlende Energie
- Finanzielle Probleme
- Enttäuschungen

10. Beziehungs- und Kommunikationskonflikte
- Demotivierende Sprüche von anderen Menschen/Vorgesetzten
- Hinterlistige Kollegen
- Egoisten
- Beleidigungen
- Mobbing
- Menschen, die nicht zuhören
- Menschen, die Energie rauben
- Respektlosigkeit
- Ellenbogenmentalität
- Sich nicht geliebt fühlen
- Das Gefühl, ausgeschlossen zu werden, nicht dazuzugehören

11. Trauer und Verlust
- Verlust eines Menschen/Tod
- Trennung
- Verlust des Arbeitsplatzes
- Nicht erfüllte Erwartungen
- Wenn Trauer und Emotionen gesellschaftlich tabuisiert werden

12. Hilflosigkeit
- Negativ eingestellte Menschen
- Stillstand
- Übermäßiges Sicherheitsstreben
- Fehlende Informationen
- Ein Problem nicht lösen zu können
- Dilemma zwischen 2 attraktiven Lösungswegen

So wie der Mut sind auch Mutlosigkeiten individuell und zum Glück oft nicht von Dauer. Sie sind ein Aspekt unseres persönlichen Erlebens. Wir sind gut beraten, sie uns anzuschauen, um nicht in ihnen zu verweilen. Wichtiger ist es, in die Eigenverantwortung zu gehen. Und weil ich so viel Mutlosigkeit nicht einfach so stehen lassen mag, schließe ich ein paar gesammelte Muttipps aus meinen Befragungen an. Das sind kleine Mutanstifter, die anderen Menschen helfen, zu ihrem Mut zurückzufinden.

Mutrezepte: ein paar Tipps

Was Menschen Mut macht:

1. Suchen Sie sich ein Netzwerk von Unterstützern.
2. Seien Sie liebevoll mit sich.
3. Glauben Sie an sich.
4. Notieren Sie täglich drei Dinge, die Ihnen gut gelungen sind.
5. Atmen Sie ruhig und entschärfen Sie Ihre Gedanken mit der Frage: Was ist das Schlimmste, was passieren könnte? (Katastrophendenken)
6. Nehmen Sie sich die Zeit, die Sie brauchen. Machen Sie alles Schritt für Schritt.
7. Zögern Sie nicht länger, Sie sind stärker als Ihre Angst.
8. Akzeptieren Sie Widerstände und nutzen Sie sie für Ihre Sache.
9. Nehmen Sie sich kleine Aufgaben vor: Laufen Sie nicht einmal 100km, sondern 100 x 1km.
10. Hören Sie auf Ihre innere Stimme.
11. Sorgen Sie sich weniger um die Meinungen anderer.
12. Wann immer Sie daran denken aufzugeben, überlegen Sie: Warum haben Sie begonnen?
13. Hören Sie sich regelmäßig Musik an, die Sie mögen und die Sie motiviert.
14. Tanzen Sie öfter mal.
15. Meditieren Sie.

16. Stellen Sie sich vor, Sie wären schon dort, wo Sie noch hinmöchten. Seien Sie ein Tagträumer!
17. Üben Sie sich in Zuversicht, denn es geht immer wieder eine Tür auf.
18. Machen Sie Ihr Ding, denn es ist Ihr Leben.
19. Übernehmen Sie Verantwortung für sich selbst.
20. Hören Sie auf Ihr Bauchgefühl.
21. Leben Sie in Dankbarkeit.

Was gibt Ihnen Mut? Was ist Ihr persönlicher »Mut-Hack«, den Sie zur Selbstermutigung im Gepäck haben?

Ein Tipp kann ein Impuls sein, einen Versuch zu unternehmen. Einen letzten Hack aus der Befragung möchte ich Ihnen noch mitgeben:

> *»Am Ende wird alles gut, und wenn es noch nicht gut ist, dann ist es auch noch nicht das Ende.« Mut lebt von der Zuversicht, dass am Ende alles gut wird. Das ist eine gute Überschrift für jeden Anfang.*

Alles nur in meinem Kopf: mein Mut, dein Mut oder kein Mut

> *Egal, ob sie glauben sie können etwas oder auch nicht. Sie werden Recht behalten.*
> (Henry Ford)

Andreas Bourani singt in einem seiner Songs: »Das ist alles nur in meinem Kopf«. Veränderungen finden zunächst nur in unseren Köpfen statt. Es ist immer ein Gedanke, der später zu einem ersten mutigen Schritt wird, der sich mit unserem Herzen verbindet.

Wenn wir unsere Gedanken statisch manifestieren (»Das ist aber so …«), verpassen wir die Möglichkeit, mutig einen Veränderungsprozess anzustoßen. Kein *Change* also, ohne den *Change* im Kopf. Eine gute Frage, mit der wir unseren persönlichen *Change* anstoßen können, ist: Wer bin ich mit bzw. ohne diesen konkreten Gedanken?

Was und wie wir denken, ist keinesfalls egal! Es ist wichtig, dass wir uns klar darüber werden, welche bedeutende Rolle unsere Gedanken in einem Veränderungsprozess spielen. Unser Handeln richtet sich an unseren Gedanken aus. Das Gute daran ist, dass wir unsere Gedanken kraftvoll für eine Veränderung nutzen können.

In meinen Trainings arbeite ich gern mit der Metapher eines Läufers vor einem Wettkampf. Am 3. Oktober 2019 lautete eine Nachricht in der *Sportschau* im Fernsehen:

> »*Salwa Eid Naser aus Bahrain hat Gold über die 400 m gewonnen. Sie lief Weltjahresbestleistung und verwies so Shaunae Miller-Uibo von den Bahamas und Shericka Jackson aus Jamaika auf die Plätze.*«

Stellen Sie sich vor, Salwa Eid Nasa wäre in ihrer Startposition, auf den Startschuss wartend, dem Gedanken gefolgt »Das kann ich niemals schaffen« oder »Ich laufe garantiert als Nummer 2 ein.« Niemals hätte sie die Energie aufgebracht, zu siegen. Ein Läufer in der Startposition visiert den Sieg an und nicht seine Niederlage. Er malt sich bildlich aus, wie er als Sieger einläuft und bejubelt wird. Mut und damit *Change* beginnen im Kopf. Der Umgang mit unseren Gedanken ist die Basis um unser Leben, unsere Zukunft mutig zu gestalten.

Allen, die jetzt widersprechen möchten, sei gesagt: Wir können selbstverständlich immer nur im Rahmen unserer Gestaltungsmacht agieren. Es ist wahr, manchmal sind wir in dieser komplexen Welt nicht der Kapitän auf dem Schiff. Aber wir sind in der Lage und haben die Freiheit, neben der Akzeptanz des Unveränderbaren immer wieder neue Chancen in den Blick zu nehmen.

Wir können uns auf das fokussieren, was wir verändern können. Der Stoizismus lehrt, zu akzeptieren, worauf man keinen Einfluss hat, und seine Energie in das zu investieren, was man beeinflussen kann. Wenn alles in Bewegung ist, ist es unmöglich, sich gegen den Wandel zu entscheiden. Der griechische Philosoph Heraklit hat es so beschrieben:

> Du kannst nicht zweimal in
> denselben Fluss steigen.

Alles verändert sich von Moment zu Moment. Entscheiden Sie sich also immer wieder: Wollen Sie gestaltet werden oder selbst ein Gestalter sein? Wenn Sie loslaufen, dann sagen Sie nicht, ich schaffe es nicht. Wenn wir etwas erreichen möchten, dann müssen wir es nicht nur denken können, sondern müssen es auch laut aussprechen. Sie wollen bei der Weltmeisterschaft gewinnen? Dann sollten Sie es sagen. Wenn wir ein bildungsfreundliches Land werden wollen, dann sollten wir es zur Sprache bringen, und wenn wir ein unternehmerisches oder berufliches Ziel haben, dann sollten wir es klar artikulieren. Schluss mit den Selbstblockaden, denn Veränderung hat seine Prinzipien.

Mut zum *Change* verstehen: Das Konzept psychologischer Veränderung

Mut zur Veränderung zu schöpfen oder auch erfolgreich durch Veränderungen zu schreiten, setzt voraus, den Veränderungsprozess aus seiner inneren Dynamik heraus zu verstehen. Mut zur Veränderung ist der Mut zur Transformation. Es gibt keine schönere Metapher dafür als die Transformation von der Raupe zum Schmetterling. Sie versinnbildlicht den Wandel und die Erschaffung des Neuen als disruptiven Prozess. Ein Schmetterling ist das Ergebnis einer einzigartigen schöpferischen Verwandlung. Die Raupe wird nicht wie angenommen zum Schmetterling, sondern sie verpuppt sich und löst sich letztlich vollständig auf. Was übrig bleibt, ist eine klebrige Masse, in der sich die sogenannten Imago-Zellen befinden. Es ist ein Wunder, denn diese Zellen tragen schon das Abbild eines vollständigen Schmetterlings in sich. Genau wie Schmetterlinge können wir Menschen unsere Organisationen und unsere Gesellschaft verwandeln, indem feste Systeme aufgelöst und neue Formen des Zusammenlebens geschaffen werden. Die Zukunft beginnt immer bereits im Jetzt.

Die Auflösungsphase:
Tiefgreifende Veränderungen bedeuten, Teile seiner Identität und/oder Lebensformen zu verlieren. Das Bekannte löst sich auf und wir verlieren unser Sicherheitsgefühl. Wir sterben in so einer Situation einen kleinen Tod. Es fühlt sich an, als ob uns die Anbindung genommen wird. Wir durchlaufen solche Phasen beispielsweise in der Pubertät, bei einer Trennung, im Falle eines Todesfalls, aber auch beim Verlust des Arbeitsplatzes oder einer Unternehmenstransformation. Das ist der Moment, in dem wir uns aus Unsicherheit in Ängsten verlieren können und mitunter mutlos werden. In dieser Phase brauchen wir innere Stabilität. Es hilft, sich auf das Hier und Jetzt zu konzentrieren. Es gibt dann nichts anderes zu tun, außer den Status Quo zu erkennen und sich in Akzeptanz zu üben. Danach schließen sich Zeiten von Abschied und Trauer an, denen wir Raum geben sollten.

Das Zukunftsbild:
Aus der Sehnsucht und Neugier entwickelt sich nun Schritt für Schritt ein neues Zukunftsbild, welches uns wieder neue Zuversicht schenkt. Hier geht es um den *Change* im Kopf, darum, das passende Mindset für die Veränderung zu finden.

Die Transformationsphase:
Jetzt haben wir Lust auf Veränderung bekommen. Wir können es nicht erwarten, ins Neuland aufzubrechen. Wir gelangen in einen kreativen Schaffensprozess. Wenn wir hinfallen, stehen wir wieder

auf. Wenn etwas nicht klappt, passen wir unser Zukunftsbild an und gehen weiter. Mit einem solchen kreativen Prozess entdecken wir Neues und bauen aktiv an unserer Zukunft. Dieser Prozess dauert an, bis wir uns aus unserem »Kokon« geschält haben und verwandelt sind.

Der Mutausbruch:
Wenn wir auch nicht wie der Schmetterling losfliegen, können wir dennoch, von Begeisterung getragen, den Sprung in die neue Welt wagen und uns entfalten. Jetzt ist die Zeit gekommen, inne zu halten, das Erreichte zu genießen und vor allem dankbar zu sein.

Doch nichts ist von Dauer. Alles wandelt sich fortwährend. Vor dem *Change* ist nach dem *Change*. Wir bleiben im *Change* und schreiten mutig von Veränderung zu Veränderung. Gut, wenn wir über Konzepte verfügen, die uns in diesem fortwährenden Prozess Stärke verleihen.

Ein solches Konzept, welches Mut und *Change* in seinem Wechselspiel auf ganz einfache Weise beschreibt, ist das Modell der »Logischen Ebenen« aus der Kommunikationspsychologie. In seinem Ursprung greift es auf das »Modell der Neurologischen Ebenen« von Robert Dilts, einem der Begründer des Neurolinguistischen Programmierens (NLP), zurück. Ich habe dieses Modell für das Thema Mut modifiziert und zeige Ihnen, wie sich Mut auf verschiedenen Ebenen darstellt und entwickelt. Das Modell gibt uns ein Verständnis davon, wie wir Mut bewusst kultivieren können, als Einzelperson, als Unternehmen und als Gesellschaft.

Mut zur Veränderung, ein Modell

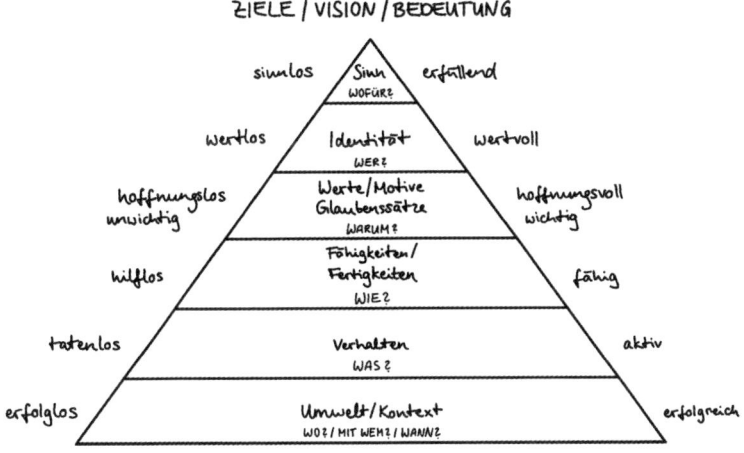

Angenommen, Sie wären bereits heute schon so mutig, wie Sie es in Zukunft gern sein würden, was wäre dann? Was wäre dann für Sie möglich? Was geschähe in und mit Ihrem Unternehmen? Wie könnten gesellschaftliche Transformation dann gestaltet werden?

In meinem Beratungsalltag arbeite ich in Veränderungsprozessen mit diesem Modell, ganz gleich, ob es dabei um einen unternehmerischen *Change*-Prozess (z. B. den Wandel einer Unternehmenskultur, die Entwicklung einer Fehlerkultur oder der Einführung eines neuen Führungsleitbildes) geht, oder ich als Sparrings-Partnerin einen persönlichen Veränderungsprozess begleite. Mit dem Modell der Logischen Ebenen können wir Veränderungsprozesse auf verschiedenen Ebenen in ihrer Struktur abbilden und damit auf der Ebene intervenieren, die uns Wandel wirksam gestalten lässt.

1. Die unterste Ebene ist die der Umwelt und des Kontextes. Diese Ebene ist der Raum, in dem Sie sich oder Ihr Unternehmen sich befinden. Es ist der Ort, an dem Veränderung stattfinden soll. Hier werden sowohl der Ist-Zustand als auch der Ziel-Zustand

sichtbar und können bewertet werden. Die Fragen, zu denen Antworten gesucht werden, lauten: *Wo? Wann? Mit wem?*
Es ist der Bereich von erfolglos bis erfolgreich.

2. Immer wenn Veränderung gestaltet werden soll, wenn wir agieren, dann müssen wir uns »verhalten«. Auf der Verhaltensebene zeigen wir entweder Mut (in dem gegebenen Kontext) oder auch nicht. Das Verhalten wird von uns selbst, aber auch von anderen bewertet. In der Nutzung des Feedbacks liegt unser Lernpotential. Die Fragen zu diesem Prozess lauten: *Was tun Sie? Was tun wir, wenn ...?*
Es ist der Bereich von tatenlos bis aktiv.

3. Jedem Verhalten liegen Ressourcen zugrunde. Das heißt, wir brauchen bestimmte Fertigkeiten, Fähigkeiten und auch Strategien, um uns »mutig« und »erfolgreich« verhalten zu können. Wie genau tue ich/wir etwas? Welche Fähigkeiten und Kompetenzen liegen meinem/unserem Verhalten zugrunde? Welche Fähigkeiten und Kompetenzen führen zu wirksamem Verhalten?
Im *Wie*, der Ebene der Fähigkeiten, Fertigkeiten und Strategien, liegt der Bereich von hilflos bis fähig.

4. *Warum habe oder erwerbe ich bestimmte Fähigkeiten und Fertigkeiten? Warum tue ich, was ich tue? Welche Werte, Motive und Glaubenssätze treiben mich an? Warum bin ich bereit, ein Wagnis für etwas/jemanden einzugehen?* Die Ebene des Warums umreißt den Kern unserer Motivation. Hier wird über eine Veränderung und ihre Richtung entschieden. Mit einem stimmigen *Warum* gehe ich mutig in und durch die Veränderung. Meine Motive (die untergeordnete Kategorie des Warums) sind richtungsweisend. Das *Warum* wird außerdem durch die mich tragenden Glaubenssätze/Imprints (Prägungen) beziehungsweise ganze Glaubenssysteme getragen. Glaubenssätze repräsentieren sprachliche Wirklichkeit und befördern oder hemmen Veränderung.
Im *Warum* spiegelt sich der Bereich von hoffnungsvoll bis hoffnungslos und unwichtig bis wichtig.

5. *Wer bin ich, wenn …* Die Frage »Wer bin ich?« ist die Frage nach meiner Identität. Die Identität ist die Summe meines Verhaltens, mit all meinen Fähigkeiten, Fertigkeiten und Strategien, basierend auf meiner Wertestruktur, meinen angelegten Motiven und Glaubenssystemen. Die Identitätsebene ist eine sehr kraftvolle und komplexe Ebene, die zu verändern nicht leicht ist. Identität spiegelt meinen Selbstwert und mein Selbstbild wider. Im Unternehmen und in der Gesellschaft steht sie für die tragende Mission und Vision.
Das *Wer* beziffert dabei den Bereich von wertlos bis wertvoll.
6. *Wofür tue ich, was ich tue?* Das *Wofür* steht für den Sinn, meinen mich motivierenden Horizont. Der Sinn markiert die oberste Ebene, ist der höchste Antrieb. Im Sinn finden wir unsere Zugehörigkeit und Anbindung an etwas Größeres.
Auf der Sinnebene geht es um den Bereich von sinnlos bis sinnvoll, erfüllend.

Die Ebenen verlaufen sowohl aufbauend von unten nach oben als auch in dynamischer Einflussnahme von oben nach unten. Ob wir mutig losgehen oder auch nicht, ob Veränderung wirksam ist und gelingt, hängt maßgeblich vom Zusammenspiel der einzelnen Ebenen ab. Mit dem Mut zur Veränderung werden wir zum Gestalter der verschiedenen Ebenen in unserem Leben.

Mut-Quickie

1. Veränderung folgt Strukturen.
2. Wenn wir Veränderung mutig und wirksam gestalten wollen, ist es bedeutungsvoll, zu erkennen, auf welcher Ebene gestalterisch Einfluss genommen werden muss.
3. Die Ebene der Werte, Motive und Glaubenssysteme bilden den Dreh- und Angelpunkt für mutiges Handeln und gelingenden Wandel.
4. Mut als Haltung spiegelt sich in ihrer Gesamtheit in unserer Identität wider.
5. Mut entsteht durch ein Bewusstsein für die Anbindung an etwas Größeres (Zugehörigkeit).

Wo kann ich Einfluss nehmen?

Wo liegt mein/unser Gestaltungsrahmen?

KAPITEL 3

WIE GEHT EIGENTLICH MUT?

> *Kein Pessimist hat jemals die*
> *Geheimnisse der Sterne entdeckt oder*
> *ist zu einem nicht entdeckten Land*
> *gesegelt oder hat einen neuen Himmel*
> *der menschlichen Seele eröffnet.*
> (Helen Keller)

Mut ist weder eine angeborene Eigenschaft noch genetisch veranlagt. Doch wir kommen mit einer großen Portion Neugier auf diese Welt und wollen mit ihr auf Erkundung gehen. Wir starten spielerisch und mutig. Doch irgendwo auf dem Weg von Schule, Ausbildung bis zum Job trainieren wir uns den Mut wieder ab. Wir tauschen ihn gegen ein Sicherheitsdenken aus, das uns auf vielen Ebenen vorgelebt wird. Aber wie geht nun eigentlich Mut? Wie können wir das Mutigsein wieder zurückerlangen? Definitionen und Muttipps inspirieren uns auf unserem Weg. Aber reicht das aus? In diesem Kapitel geht es darum, wie wir es schaffen können, mutiger zu werden. Nehmen wir hierfür den Gedanken aus dem letzten Kapitel noch einmal auf, nämlich dass Mut im Kopf beginnt. Wir starten mit einem *Mindset für mehr Mut* und wie wir es entwickeln können. Ergänzend dazu stelle ich Ihnen meine *7 Mutquellen* vor, die den Kern eines tragfähigen »Mut-Mindsets« bilden und die uns im nächsten Schritt ein wahres Muskeltraining für mehr Mut möglich machen. Und weil Mut für uns allein nicht genug ist, um Veränderung in diese Welt zu tragen, stelle ich anschließend mein *Prinzip der Mutanstiftung* vor. Am Ende des Kapitels können wir hoffentlich sagen: So funktioniert Mut und ich fühle mich angesteckt.

Unsere Zukunft erwächst aus dem, was wir in jedem einzelnen Moment denken und tun. Sie wächst aus der Gegenwart. Die jüdische Lyrikerin Hilde Domin schrieb:

> *Ich setzte meinen Fuß in
> die Luft und sie trug.*

Mutig? Woher können wir als sicherheitsorientierte Wesen den Mut nehmen, den Fuß einfach so in die Luft zu setzen?

Der Mensch hat drei wesentliche Grundbedürfnisse, die in unseren Hirnstrukturen angelegt sind und uns im Denken und Handeln prägen:

1. *Die Sicherheit* – zur Sicherstellung unseres physischen Überlebens. Da die Sicherheit eine Illusion ist, wird dieses Bedürfnis im *Change* erschüttert. Hier liegt das Dilemma von Sicherheitsbestreben und notwendiger Veränderung.
2. *Die Bindung* – Menschen sind Beziehungswesen. Deshalb streben wir nach Bindung und Zugehörigkeit. Vielleicht kennen Sie Menschen, die in der Firma bleiben, in der sie arbeiten, obwohl sie sich unwohl fühlen und unzufrieden sind. Genauso verhält es sich mit einem Partner, der in seiner Beziehung verharrt, obwohl er sich trennen möchte. Hier ist das Bedürfnis in vertrauter Umgebung zu bleiben größer als der Schmerz der Veränderung.
3. *Selbstwerterhalt* – Menschen streben nach Selbstwerterhalt oder auch Selbstwerterhöhung. Dahinter steht: gesehen, gehört, geachtet und wertgeschätzt zu werden. Manchmal übersteigt das Maß des Bedürfnisses die Möglichkeiten des Unternehmens. Oder das Bedürfnis wird zu einem Fass ohne Boden, weil ungesunde Persönlichkeitsstrukturen dahinterstehen. Hier gilt es genau hinzuschauen.

Dazu gibt es noch das menschliche Bedürfnis nach »Ich-Konsistenz«. Wir sehnen uns danach, unsere getroffenen Entscheidungen, aber auch unsere Selbstdefinition festzuschreiben und möchten sie möglichst immer wiederholen. Denn sich zu verändern, könnte ja bedeuten: Ich bin nicht okay. Hier offenbart sich uns eine weitere Quelle von Widerstand und Veränderungsangst.

Ohne den Mut zur Unsicherheit werden wir unsere Zukunft nicht gestalten können. Dazu müssen wir »den Fuß in die Luft setzen«. In Übergangszeiten wächst mit dem Mut zur Gestaltung gleichzeitig mit dem Vorwärtsschreiten der Boden unter unseren Füßen mit. Wir können so Schritt für Schritt in unbekanntes Gelände weitergehen und unseren Mut weiterwachsen lassen. Die Zukunft ist zunächst immer eine Nebelwand, die wir in unserem Tun auflösen, indem wir auf uns und unsere Eigenstärke vertrauen und hoffnungsvoll bleiben. Hoffnung wird von einigen Menschen als eine Erwartung innerhalb eines nahezu passiven Kontexts beschrieben. Wer hofft, erscheint untätig. Doch Hoffnung ist vielmehr das Sinnbild für unsere Lebenskraft. Hoffend verhält sich der Mensch auch optimistisch. Die Hoffnung gibt uns den Mut zur Gestaltung. Ohne das Hoffen gibt es keine Zukunft. Wer nicht hofft, wird auch nicht mutig wagen. Unsere Hoffnung basiert auf dem Vertrauen in uns und unsere Erfahrungen. Was darf ich hoffen? Das hängt davon ab, wie weit wir bereit sind, in uns selbst zu vertrauen. Dann ist diese Frage die Schlüsselfrage für unseren persönlichen *Change*: Welchen *Change* brauche ich in meinem Kopf, um mutig zu sein? Wie beginnt Mut in meinem Kopf? Er beginnt mit unserem »*Change*-Mindset«. Das richtige Mindset gibt uns die erforderliche Stabilität und Flexibilität für unseren Wandel.

Wussten Sie, dass Mut sich wie ein Muskel ausdehnen kann? Mut macht also neuen Mut! Wir können Mut nicht nur lernen, sondern auch andere Menschen mit Mut anstiften. Es gibt folglich zwei grundsätzliche Wege, Mut zu kultivieren:

1. Selbstermutigung – Das Ausdehnen unserer eigenen Komfortzone in einem Reflexionsprozess hin zu einem tragenden *Change*-Mindset.
2. Das Prinzip der Mutanstiftung – Lernen am Modell. Wir lassen uns durch den Mut anderer Menschen anstecken.

Bevor wir andere mit unserem Mut anstecken können, müssen wir zunächst einmal selbst mutig sein. Beginnen wir also mit der Ausdehnung unserer eigenen Komfortzone und dem dazu passenden Mindset für unseren individuellen Wandel.

So geht Mut: *Change* – Das Mindset für mehr Mut

Wenn mein Kopf es sich ausdenken kann,
wenn mein Herz daran glauben kann,
dann kann ich es auch erreichen.
(Muhammad Ali)

Muhammed Ali gehört wohl unumstritten zu den bedeutendsten Schwergewichtsboxern des 20. Jahrhunderts. Seine herausragende mentale Stärke war einzigartig. Er verfügte über ein Gewinner-Mindset, mit dem er es schaffte, eine Boxlegende zu werden.

Sie müssen nicht unbedingt eine Boxlegende werden, doch mit einem tragenden Mindset schaffen Sie für sich und Ihr Unternehmen die notwendige mentale Stabilität und Handlungsfähigkeit. Ein im Boden fest verwurzelter Baum hält mit seiner beweglichen und flexiblen Krone jedem Sturm im Außen stand. Ein klar umrissenes Mindset gibt uns die Sicherheit, mutig in die Verantwortung zu gehen und Wandel erfolgreich zu gestalten. Wenn sich alles wandelt, sind Sie im Innen stabil und gleichzeitig flexibel, so wie der Baum inmitten eines Sturmes.

Das Mindset für mehr Mut

> *Die größte Entscheidung deines Lebens liegt darin, dass du dein Leben ändern kannst, indem du deine Geisteshaltung änderst.*
> *(Albert Schweizer)*

Mutig sein heißt, unsere Komfortzone zu erweitern. Schritt für Schritt lassen wir unseren Mutmuskel wachsen und dehnen so unsere Komfortzone sanft aus. Nur mit einem passenden Mindset können Übergangsphasen souverän durchschritten, Krisen gemeistert und Wandel gestaltet werden. Wir präparieren uns damit für eine Zukunft, mit all ihren Unsicherheiten und Ungewissheiten. Mit anderen Worten: Sie können alles wagen, Sie müssen nur Ihr Gehirn davon überzeugen.

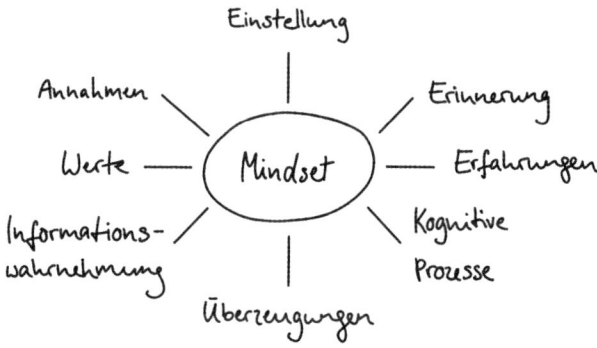

Das *Change*-Mindset für mehr Mut ...
- ... ist eine mentale Haltung.
- ... repräsentiert offene Denk- und Verhaltensmuster.
- ... bildet die Gesamtheit aller unserer Werte, Überzeugungen, Einstellungen und Prinzipien ab (siehe Modell der Veränderung).
- ... prägt das Handeln des Einzelnen, von Organisationen und von der Gesellschaft.
- ... ist die Art der vorherrschenden Wahrnehmung.
- ... entspringt einem klaren Fokus.

… betrachtet Fehler als Lernmöglichkeiten auf unserem Weg.
… ist ein Denken in Lösungen und Möglichkeiten.
… bildet die Basis für gelingende und erfüllende Veränderung.

Es genügt nicht, sich Ziele zu setzen, Erfolge zu planen und Controlling-Maßnahmen zu ergreifen, um unser Leben oder unser Unternehmen grundlegend zu wandeln. Ein permanenter Wandel erfordert ein neues, flexibles Denken anstatt klassischer Kausalketten. Mit einem sogenannten »dynamischen Mindset« schaffen wir es, flexibel und mutig auf Veränderungen zu reagieren. Menschen, die durch ein eher starres Mindset geprägt sind, haben in der Regel Probleme, Veränderungen mutig zu begegnen. Carol Dweck, eine amerikanische Wissenschaftlerin, beschreibt in ihrem Buch *Mindset* aus dem Jahr 2017 die Eigenschaften eines starren und dynamischen Mindset:

Zuschreibungen zu einem starren Mindset-Typ:
- Herausforderungen vermeidend, ein Verfehlen wird erwartet
- Feste Überzeugungen
- Kein offener Umgang mit Fehlern und dem eigenen Scheitern
- Selbstbegrenzung
- Negative Überzeugungen und Glaubenssätze

= verursacht Mutlosigkeit

Zuschreibungen zu einem dynamischen Mindset-Typ:
- Wissbegierig, neugierig
- Bereit sein, etwas auf sich zu nehmen
- Fehler als Chance und Entwicklungsmöglichkeit ansehen
- Bewusstsein über die eigenen Schwächen und Bereitschaft zur Arbeit an sich selbst
- Gegenüber Herausforderungen aufgeschlossen
- Offen für Neues und für das Lernen
- Zukunftsorientiert (»Future-Mindset«)

= befördert Mut

Was wir vorfinden, sind stets in der Entwicklung befindliche und kontextbezogene Mischformen eines Mindset. Jeder Mensch besitzt ein – entsprechend seiner Persönlichkeit und seiner Situation – individuelles Mindset. Grundsätzlich sind wir in unserem Selbstbild tendenziell eher von einem starren oder von einem dynamischen Typ geprägt. Und ja, wir können es ändern! Sein Mindset von einer eher starren Ausprägung hin zu einer dynamischen Form zu entwickeln, ist die Voraussetzung für mutiges Handeln. Mindset-Arbeit ist die Arbeit an unserer Persönlichkeit (Persönlichkeitsentwicklung) und/oder unserer Organisation (Organisationsentwicklung). In beiden Bereichen schaffen wir über das jeweilige Selbstbild und die Ausdehnung unserer Handlungskompetenz Grundlagen für eine gelingende Transformation. Es macht in jedem Fall einen Unterschied, ob Sie annehmen:

a) Ich werde diese Aufgabe bewältigen. (Denken in Möglichkeiten) oder
b) Ich schaffe das niemals. (Denken in Begrenzungen) bzw.
c) Wir werden gestärkt aus dieser Krise herausgehen. (Denken in Möglichkeiten) oder
d) Diese Krise wird uns vernichten. (Denken in Begrenzungen)

Die Entwicklung von einem starren zu einem dynamischen Mindset ist keinesfalls mit positivem Denken zu verwechseln. Es verlangt echte Reflexionsarbeit. Eine neue Haltung und eine neue Kultur lassen sich nur in kleinen Schritten entwickeln. Eine solche Kultur ist grundlegend geprägt von:

1. Tunnelblick versus Lösungsorientierung (vom starren Problemfokus hin zum Blick auf Lösungen)
2. Silos versus Kooperation (vom unkoordinierten Verhalten zur kollaborativen Zusammenarbeit)
3. Stagnation versus Innovation
4. Demotivation versus *Change* mit Lust

Entscheidend dabei ist, den Entwicklungsgedanken zuzulassen. Ich kann »noch« nicht Klavier spielen. Das »noch« impliziert hier die Kraft der Hoffnung und unsere Zuversicht, denn wir haben uns bereits auf den Weg gemacht.

Wir sind, was wir glauben – Glaubenssätze

Theoretisch hört es sich einfach an. Bei der Entwicklung unseres Mindset bewegen wir uns aus unseren eigenen Begrenzungen heraus und erweitern unsere Komfortzone. Unsere Glaubenssätze und unser Mindset sind eng miteinander verbunden. Jeder Glaubenssatz repräsentiert einen Teil unseres Mindset. Die Schwierigkeit, sein Mindset zu verändern, liegt in der Bereitschaft zur Entwicklung. Die Veränderung gelingt nur den Menschen, die bereit sind, über sich selbst hinauszuwachsen, indem sie einverleibte Glaubenssätze durch neue Handlungsmaximen ersetzen. Das setzt voraus, dass wir uns unserer Glaubenssätze, unserer Blockaden und Begrenzungen überhaupt erst einmal bewusst sind. Was wir über uns und die Welt glauben, ist zunächst in unserem Unterbewusstsein verankert. Glaubenssätze bzw. ganze Glaubenssysteme sind die unbewusste Grundlage unseres Handelns oder eben auch Nichthandelns. Denn es sind, wie wir im Rahmen des »Modells der Logischen Ebenen« erfahren haben, unsere Glaubenssätze, Werte und auch Motive, die Veränderungsprozesse wirksam in Gang setzen. Ein negativer Glaubenssatz hemmt als sogenannter »*Mindfuck*« unseren Mut zur Veränderung. Vorsicht: Glaubenssätze, die wir nicht ins Bewusstsein rücken, können zu echten Mutbremsen werden.

Mein Interviewpartner Antonio Alonso geht sehr reflektiert durch sein Leben. Auch seine Lebensgeschichte ist die eines Multipreneur. Was ihn trägt, ist der Glaube an sich und seine Fähigkeiten. Dank der Kraft seines Glaubens ist der Berater in diesem Sommer unerwartet zum Sänger geworden. In seiner ersten Musikproduktion verarbeitet er eine gescheiterte Liebe: »Ich hatte Lust mich neu auszuprobieren und wollte diesen künstlerischen Weg der Verarbeitung gehen.« Noch am Anfang des Jahres hätte er wahrscheinlich gelacht, wenn ich ihm erzählt hätte, dass er einen Song herausbringen würde.

Ein Glaubenssatz repräsentiert sprachlich gewordene Wirklichkeit. Das können Imprints aus der Vergangenheit sein (aus Kindheit, Schule, Familie etc.) wie »Du bist handwerklich ungeschickt«, aber auch eigene Leitsätze wie »Ich habe keine besondere Begabung«. Ein Glaubenssatz kann uns also befähigen, ermutigen, motivieren und uns in Chancen denken lassen. Er kann uns aber auch entmutigen, demotivieren und ausbremsen. Wir sollten deshalb genau hinhören, wie wir über uns, das Leben oder unser Unternehmen sprechen und unsere Glaubenssätze reflektieren. Negative Glaubenssätze können wir infrage stellen und positive Glaubenssätze umformulieren. Wir bestimmen,

- was wir über uns und die Welt denken, ob wir unser Selbstbild und unseren Selbstwert damit schwächen oder stärken,
- welche Art von Gefühlen wir dadurch in uns hervorrufen,
- ob wir über die Art zu denken Mut kultivieren oder weiter in der Mutlosigkeit verharren.

Erfolg oder auch Misserfolg sind nicht für die entstandenen Gefühle von Hoffnung und Zuversicht oder Hoffnungslosigkeit und Unmut verantwortlich. Es ist immer die Bedeutung, die wir den Dingen selbst geben.

Wenn wir es genau nehmen, sind alle unsere Gedanken in irgendeiner Form Glaubenssätze. Mit unseren Gedanken gestalten wir unsere Gefühlswelt, nach der wir unsere persönliche Wirklichkeit gestalten. Schauen wir genau hin, welche Gedanken uns in unsere Zukunft tragen oder uns davon abhalten, nach vorn zu gehen. Die Wahrheit: Wir werden, was wir glauben.

> **Mut-Quickie**
>
> Mit einem dynamischen Mindset haben wir die Basis für den Mut zur Veränderung in der Hand. Wir können die Umstände zwar nicht bestimmen, aber uns bewusst für eine Haltung entscheiden. Um ein kontinuierliches Üben kommen wir allerdings nicht herum. Ein Muskel dehnt sich nur langsam aus, aber Kontinuität bringt ihn zum Wachsen. Eine gute Reflexion und Übung für den Alltag ist es, bewusst auf die eigenen Gedanken und Worte zu hören. Machen Sie sich dabei die Kraft des »noch nicht« zunutze. Sie sind nicht auf Ihren momentanen Status Quo festgelegt. Alles, was Sie begrenzt, ergänzen Sie zukünftig um ein »noch nicht«. Zum Beispiel:
>
> Ich beherrsche die neue Software nicht. Ich beherrsche die neue Software *noch nicht*.
>
> oder
>
> Ich besitze keine Führungsfähigkeiten. Ich besitze *noch* keine Führungsfähigkeiten.
>
> Dazu ein Tipp: Wenn Sie zwischen Sicherheit und neuer Herausforderung wählen können, dann wählen Sie die Herausforderung. Das stärkt das Mindset und lässt uns Veränderungen flexibel und voller Mut gestalten.

Das Prinzip Reflexion: Mutquellen, die Essenz des Mutes

Mut ist eine Kompetenz, die von einer Vielzahl von Eigenschaften getragen wird. Ich habe mich deshalb quer durch alle meine Mutinterviews und Mutumfragen auf die Suche nach den tragenden Quellen von Mut gemacht. Welche Eigenschaften und Werte befördern und stärken maßgeblich unseren Mut? Was enthält ein

Mindset für mehr Mut? Im Ergebnis habe ich eine Essenz von 7 Qualitäten herausgearbeitet, die in ihrer Häufigkeit prägend für die Entwicklung des individuellen Mutes meiner Interviewpartner und Befragten waren. Ich habe diese 7 Qualitäten als Mutquellen bzw. auch Mutwurzeln benannt, weil sie wie die Wurzeläste eines Baumes den Mut in seiner Gesamterscheinung nähren. Jede Wurzel wirkt wie eine Quelle für den Mut und stärkt ihn. Sie bestimmt qualitativ und quantitativ die Ausprägung unseres Mutes auf ihre ganz individuelle Art. Grundsätzlich versinnbildlicht das Vorhandensein aller 7 Quellen die Essenz einer mutigen Haltung. Eine Reflexion über diese Quellen macht es uns möglich, den Status Quo unseres Mutes individuell zu beschreiben und zu stärken. Die Reflexion aller 7 Mutquellen lässt erkennen, was unseren Mut stabil sein lässt und wo wir Einfluss nehmen können, um unseren Mut zu stärken.

Mutquelle Nr. 1: Fokus – Mut lenken

> »Sie brauchen Ihr Glück nicht zu suchen,
> entscheiden Sie sich einfach dafür.«
> (Wayne W. Dyer)

Wenn Sie noch ganze 24 Stunden zu leben hätten, was würden Sie tun? In der Regel wissen wir nicht, wieviel Zeit wir für das haben, was wir wirklich wollen, für das, wofür wir vielleicht bestimmt sind und für die Menschen, die wir lieben. Und so träumen wir und gehen gutgläubig davon aus, dass es immer wieder einen neuen Morgen in unserem Leben geben wird. Im Verdrängen unserer Endlichkeit sind wir großartig. Dabei verpassen wir womöglich Chancen, die nie wiederkommen werden. Wie schade wäre es, wenn wir unser Leben dahinplätschern lassen, es in die Hände des Zufalls geben, in der Flut der Möglichkeiten ertrinken oder uns in endlosen To-Do-Listen verirren. Bronnie Ware, eine australische Songwriterin, hat während ihrer Arbeit in einem Hospiz sterbende Menschen danach befragt, was sie am meisten bereuen. Auf Platz 1 stand, sie bereuten es, sich nicht selbst treu geblieben zu sein.

Kein Mut, ohne Fokus
Mutig lebt, wer es wagt, den Fokus auf seine Ziele und die Verwirklichung seiner Träume zu legen. Es ist nicht möglich, Mut zu entwickeln, ohne diese und andere Entscheidungen auf seinem Weg zu treffen. Mut braucht immer eine Ausrichtung, und zwar die für Sie ureigene Richtung. Bleiben Sie authentisch oder möchten Sie das Leben der anderen leben statt Ihr eigenes? In der Yoga-Philosophie heißt es:

Lebe lieber das eigene Leben unperfekt,
als das eines anderen perfekt.

Das eigene Leben, seinen Beruf und seine Beziehungen (Familie, Freunde, Kollegen etc.) bewusst zu leben, ist eine Entscheidung für die anderen und für uns selbst. Das verlangt den Mut, zu uns zu stehen. Der Benediktinerpater Anselm Grün hält es in diesem Sinne für wesentlich, dass wir unserer eigenen Lebensspur mutig folgen.

Doch sind wir ehrlich, in einer Welt, die voller Möglichkeiten ist, kann es schon mal passieren, sich zu verlieren. Wir streuen dabei unsere Energie, oftmals ohne es zu merken, in alle möglichen Richtungen. Wir jagen ständig irgendwelchen anderen Dingen hinterher, obwohl wir wenig Zeit haben und immerzu beschäftigt sind. Wir sind immerfort aktiv. Aber tun wir wirklich das, was wir wirklich wollen? Wir schauen viel zu oft nach links und nach rechts. Was macht der Arbeitskollege da Spannendes? Welche neue Marketingstrategie führt mein Mitbewerber ein? Was hat der Nachbar Neues errungen usw. Die Social-Media-Kanäle, in denen viele Menschen ihre Freundschaften pflegen und ihre eigenen Erlebnisse verarbeiten, sind sehr verführerisch und bringen uns leicht von unserem eigenen Weg ab. Wir verlieren uns in unserer Außenwelt. Vielleicht orientieren wir uns so stark am Außen, weil wir selbst gar nicht genau wissen, wohin wir wollen? In der Folge sind wir irgendwann nicht nur erschöpft, sondern auch mutlos. Alle trauen sich etwas »ganz besonderes« und wir? Wir trauen uns möglicherweise gar nicht erst, loszugehen. Wohin auch? Wer tapst schon gern durch den Nebel? Spätestens dann, wenn wir merken, dass es anstrengend und schwer wird, lohnt es sich, innezuhalten und den eigenen Kurs zu überprüfen. Auch die stärkste Willenskraft kann uns dann nicht mehr motivieren, wenn wir unser Ziel aus den Augen verloren haben. Unsere Energie folgt immer unserem inneren Fokus! Konfuzius hat es so ausgedrückt:

*Wer zwei Hasen gleichzeitig
jagt, der wird keinen fangen.*

Wie wahr! Aber was können wir tun, wenn wir in unserem Leben dann doch an einen Punkt gelangen, an dem wir den Wald vor lauter Bäumen, unseren Weg unter all den Möglichkeiten nicht mehr sehen? In solchen Momenten hängen wir fest und sind nicht in der Lage, uns klar auszurichten. Wir sind im sogenannten »*Stuck State*« gefangen, im Problem und damit auch in unserem Leiden. Es ist völlig normal, dass wir uns in bestimmten Etappen wieder neu ausrichten müssen. Das gehört zum Lebensprozess, dem Wandel unseres Lebens. Alles befindet sich in Veränderung, die Zeit, unsere Mitmenschen und wir selbst. Es gehört zum Leben dazu, sich regelmäßig zu orten, den Status Quo zu dokumentieren, sich anzunehmen und wieder neu zu fokussieren.

In jedem von uns steckt diese eine verborgene, innere Stimme. Sie weist uns auf das, was für uns wirklich wesentlich ist. Wir müssen lernen, diese zarte Stimme im lauten Getose der chaotischen und vielstimmigen Welt zu hören. Doch dort, wo Geschäftigkeit tobt, Aktionismus gelebt wird und ein Gefühl von Getriebensein vorherrscht, wird uns unsere innere Stimme nicht erreichen können. Das ist ein Dilemma in der modernen Welt, dem wir mit einer Frage, die wir ganz bewusst an uns selbst richten, begegnen können.

Wie oft ist Ihr Alltag von permanenter Bereitschaft, von Zeitdruck, dem Abarbeiten von Routinen und von Stress geprägt? Wieviel Zeit nehmen Sie sich für die Muße, für das Nachdenken über sich und das Leben oder Ihr Unternehmen?

Wenn Sie nicht genau wissen, wohin Sie wollen, dann werden Sie dort auch nicht ankommen können. An dieser einfachen, uns allen bekannten Weisheit gibt es keinen Zweifel. Es geht nicht darum, dass Sie beginnen jeden kleinsten Schritt in Ihrem Leben durchzuplanen, Listen zu führen, um erledigte Aufgaben abhaken zu können. Es geht darum, dass Sie Ihre persönlichen Absichten konkretisieren und als Ziele ansteuern. Ich höre in meinem Beratungsalltag oftmals Sätze wie »Ich möchte in die Geschäftsleitung aufsteigen«, »Ich möchte ein Café eröffnen«, »Ich träume schon lange davon, ein Buch zu schreiben« oder »Ich wünsche mir ein Haus im Grünen«. Wenn ich daraufhin meine Kunden frage, wie sie sich ihr ideales Leben in drei oder in fünf Jahren vorstellen, reagieren sie statt mit einer Beschreibung oft nur mit einem Achselzucken, ergänzt durch Antworten wie »Darüber habe ich noch nicht nachgedacht.« Ein fataler Fehler. Ohne Einbindung in etwas Größeres werden Sie jedes Ihrer Ziele nur mit großen Anstrengungen erreichen oder sich gar nicht erst auf den Weg machen. Wie kann es dann funktionieren? Um das Leben mutig anzupacken, müssen wir lernen, uns zu fokussieren, und zwar vom Großen zum Kleinen.

Das Wort »Fokus« bedeutet:

1. Brennglas, Brennpunkt oder Zentrum
2. Schwerpunkt, wichtig, Hauptsache und Herzstück
3. Aufmerksamkeit, Gegenwart, Wahrnehmung, Konzentration

In der Fotografie wird mit dem Fokus etwas in den Vordergrund gerückt, es wird »scharf gestellt«. Man könnte auch sagen: Das Herzstück wird anvisiert. Genau das machen wir, wenn wir uns in unserer Lebensausrichtung fokussieren. Wir richten uns auf die Hauptsache aus, auf unser Herzstück. Hier treffen Herz und Gedanken aufeinander. Ich rate meinen Kunden, ihren Kompass auf das für Sie Wesentliche auszurichten, und zwar mit aller Aufmerksamkeit und Konzentration.

Fazit:
- Fokussierung schafft Energie, Entschlossenheit und damit Mut.
- Fokussierung gibt uns Orientierung.
- Fokussierung lässt uns Entscheidungen leichter treffen.
- Fokussierung heißt, dem Wesentlichen zu folgen.

Bevor wir beginnen, etwas in unserem Leben zu ändern und uns auf den Weg der Veränderung machen, geraten die Grundfesten unseres Seins ins Wanken. Das ist der Moment, in dem wir eine Veränderung suchen und gleichzeitig vor ihr zurückschrecken. Diese Mutbremse können wir mit der Fokussierung auf unsere Ziele, auf das Wesentliche, auf unser Herzstück lösen.

Fokussierung – Die Suche nach dem Sinn

Sinn ist das, wofür ich bereit bin,
etwas auf mich zu nehmen.
(Peter Cerwenka)

Unsere Energie folgt unserem Fokus. Mit dieser zielgerichteten Energie gelangen wir dahin, wo wir hinwollen. Sie entsteht, indem wir uns auf einen uns motivierenden Horizont, auf etwas Größeres und Bedeutsames ausrichten. Der Vorgang der Fokussierung ist eine Mutquelle von großer Kraft. Bereits in der Antike gelangte man zu der Erkenntnis, dass der Mensch aus Gefühl, Verstand und Empfindungen besteht. Das unterstreicht, wie kraftvoll Sinnbilder auf unser Handeln wirken und es vorantreiben. Besser als Sinn trifft es die Bedeutung des englischen *Purpose*. *Purpose* liefert einen Zweck, die Bestimmung und damit einen höheren Sinn. Nach innen fungiert er als sinnstiftende Klammer und hat eine orientierende und motivierende Funktion. Aus der Außensicht wird dieser Zweck zu einem Narrativ und wirkt damit als Image oder auch als Reputation.

> *Purpose ist das, wofür ich aufstehe, wofür ich bereit bin, etwas auf mich zu nehmen. Dieses Übergeordnete, das Wofür findet man nicht spontan. Eigentlich finden wir es auch nicht. Der Sinn oder Zweck unseres Handelns wird sichtbar, wir legen ihn frei. Dazu brauchen Sie einen offenen Mind und das Gefühl von Entspannung. Stress, Multitasking, permanente Erreichbarkeit führen zu Abwehrreaktionen, die unsere Denkräume und unsere Gefühlswelten verschließen. Für das sinnstiftende Nachdenken jenseits der Routine braucht es bestimmte Wohlfühlorte und Kreativräume. Ich sitze dann im Garten, gehe im Wald spazieren oder lasse mir am Meer den Wind um die Ohren pusten. Gehen Sie in die Natur, dort ist es am leichtesten, zur Ruhe zu kommen und einen freien Kopf zu bekommen, den Sie benötigen, um neu- und anderszudenken. Auch in Unternehmen sollten wir für unsere Mitarbeiter solche Denkräume und Oasen schaffen. Denn wieviel Platz gibt es in der Alltagsroutine eines Unternehmens tatsächlich für Kreativität und Innovation? Große Agenturen, Konzerne wie die Otto Group oder Xing New Work SE haben solche Kreativräume oder Innovationslabs direkt im Haus. Eine andere Möglichkeit ist es, mit seinen Mitarbeitern einmal raus ins Grüne, an einen schönen Ort zu fahren und zum Beispiel ein Barcamp oder einen Hackathon als Kreativbooster abzuhalten.*

Jedes Ziel und Vorhaben braucht eine Einbettung in ein *Wofür*, damit Sie es letztlich auch wirklich mutig verfolgen. Dann werden wir

- motiviert und mit Begeisterung unterwegs sein,
- unsere Talente und Fähigkeiten, unsere Kreativität ausleben,

- gern Verantwortung übernehmen und Schwierigkeiten bewältigen,
- unsere Persönlichkeit/unser Unternehmen positiv verändern,
- unseren Wesenskern und unsere Bestimmung leben (an unser Herz angebunden sein).

Wenn wir uns erfolgreiche Unternehmen anschauen, dann können wir erkennen, dass sie unter anderem dank einer tragenden Vision und Mission so erfolgreich geworden sind. Vision und Mission verkörpern und kommunizieren die Zugkraft, die höchste Motivation, die das Unternehmen in die Zukunft führt. Dabei geht es keinesfalls um hübsche, plakative Slogans oder Claims, die als tote Überschriften die Unternehmenskultur rahmen. Benötigt werden stattdessen lebendige, sinnstiftende Visionen, die Mitarbeiter in ihrem Tun (egal an welcher Stelle sie im Unternehmen arbeiten) begeistern und motivieren, mutig ihre Aufgaben zu bewältigen. Gleichzeitig dienen Visionen und eine klar definierte unternehmerische Mission dazu, Kunden gegenüber Vertrauen zu stiften und den gesellschaftlichen Beitrag des Unternehmens sichtbar zu machen. Für ein Unternehmen bedeutet das nichts anderes als: Outsourcing verboten! Selbst der coolste Marketingspruch der renommiertesten Marketingagentur wird es nicht allein schaffen, Mitarbeiter, Führungskräfte und Unternehmen mutig durch diese unsicheren, sich wandelnden Zeiten zu führen, wenn er nicht dem Unternehmen selbst und seinen Mitarbeitern entspringt. Genauso wenig kann die Unternehmensführung nachhaltig *top down* Sinn vorgeben. Einen Sinn durch eine ideelle Fokussierung können wir uns nur selbst geben. In einer agilen, modernen Arbeitswelt sind es die Mitarbeiter, die am Herzstück arbeiten, die das *Wofür* des Unternehmens mitentwickeln und gemeinschaftliche Motivation und Mut erzeugen. Management und Führung von Gegenwart und Zukunft sind dafür verantwortlich, diese Denkräume zu erschaffen und als wertvolle, richtungsweisende Sparringspartner, als Inspiratoren mit Vorbildwirkung zu agieren. Gelebte Realität ist dies oftmals leider nicht. Neben der oft wirkungslosen plakativen

Handhabung in Großunternehmen und Konzernen haben auch inhabergeführte Unternehmen diesen Wandel noch nicht überall vollzogen. Die Chefs inhabergeführter Unternehmen sehen sich nach wie vor in der traditionellen Rolle, Werte und Sinn starr vorzugeben. Schließlich tragen sie auch die Gesamtverantwortung und sind Geldgeber. Wenn ich aber zukünftig in der »neuen Welt« Menschen mitnehmen will, Motivation stiften und mutiges Handeln erzeugen möchte, wenn ich eigenverantwortliche Gestaltung anvisiere, dann komme ich um diesen Wechsel im Führungs- und Rollenverständnis nicht herum (siehe Modell der Veränderung auf Seite 190). Stellen Sie sich vor, ein Fremder würde Ihren Lebenswandel oder Ihr Unternehmen über mehrere Tage beobachten. Könnte er erkennen, was Ihnen wirklich wichtig ist, auf was Ihre Kompassnadel ausgerichtet ist?

Die Illusion von Wirklichkeit – wie Wahrnehmung Ihren Fokus bestimmt

Fokussiert zu handeln, setzt voraus, dass wir über eine geschulte Wahrnehmung verfügen. Unsere optische Standardeinstellung bildet tatsächlich das ab, was wir schon kennen oder auch erwarten. Um das Dilemma menschlicher Wahrnehmung zu testen, können Sie gern dieses kleine und einfache Experiment mitmachen: Schauen Sie sich in dem Raum um, in dem Sie sich gerade aufhalten. Prägen Sie sich dabei alle Dinge ein, die blau sind. (Bitte erst praktizieren und danach weiterlesen!)

Zählen Sie nun bitte die Dinge auf, die rot sind, ohne sich noch einmal im Raum umzusehen. Hat das geklappt? Durch meine Frage haben Sie Ihren Fokus gezielt auf die Farbe Blau gelenkt. Die meisten anderen Details haben Sie damit aus Ihrem Fokus genommen. Sie sind in den Hintergrund gerückt und durch diesen Filter schwer oder gar nicht abrufbar. Dieses Beispiel zeigt vereinfacht, wie selektive Wahrnehmung in unserem Alltag funktioniert.

Was wir wahrnehmen und Wirklichkeit nennen und das, was wirklich ist, sind zweierlei. Dann geht es uns wie *Alice im Wunder-*

land, die in ein Kaninchenloch fällt und sich mit einer völlig neuen Welt konfrontiert sieht. Vielleicht kennen Sie das: Die Kollegen gehen aus demselben Meeting in ihre Teams zurück und so wie sie dort berichten, könnte man meinen, sie wären in ganz verschiedenen Meetings gewesen. In Familien gibt es nicht selten Verwunderung, wenn alte Geschichten völlig unterschiedlich erzählt werden. Geschichten, die Geschwister über die Zeit ihrer Kindheit erzählen, können sich völlig widersprechen. Die Welt, wie wir sie wahrnehmen, ist unsere Erfindung. Paul Watzlawick, ein österreichischer Kommunikationswissenschaftler, hat zu diesem Thema das Buch *Wie wirklich ist die Wirklichkeit?* (erschienen bei Piper 2005) geschrieben. Seine Lektüre möchte ich Ihnen gern ans Herz legen, denn er erklärt auf wundervolle Weise, wie wir unsere individuelle Wahrheit konstruieren und wie Wirklichkeit entsteht.

Um in einer multioptionalen Welt mutig zu handeln, ist es unabdingbar, unsere Kompetenz, etwas wahrzunehmen, zu schulen und unsere Aufmerksamkeit bewusst zu lenken.

1. Aufmerksamkeit schulen (achtsam wahrnehmen) und
2. unsere Aufmerksamkeit bewusst auf das lenken, was uns wichtig ist (fokussieren).

Viel zu oft laufen wir mit eingeschaltetem Autopiloten durch unser Leben. Dabei agieren wir blind, einfach aus der Routine heraus. Sie kennen die Sache mit dem Autopiloten sicherlich vom Autofahren. Wenn Sie Auto fahren, dann müssen Sie dabei nicht mehr überlegen, wie und wann Sie Gas geben, welches Pedal Sie treten müssen, ob Sie einen Gang rauf oder runter schalten. Alles läuft völlig automatisch ab. Das ist gut so, denn nur so können Sie Ihre Aufmerksamkeit den wichtigen Dingen, in unserem Beispiel dem Straßenverkehr, widmen. Manchmal fahren wir aber auch mit diesem Autopiloten lange und völlig unachtsam durch unser Leben. Dann sind wir in unserer Routine gefangen. Oft merken wir es nicht einmal, denn Gewohnheiten geben uns ein gutes und sicheres Gefühl. Außerdem sparen wir jede Menge Energie, wenn wir wie gewohnt handeln. Wir haben es uns in unserer Komfortzone bequem gemacht. Kennen Sie das? Wenn wir die Dinge, die wir wagen möchten, einerseits ersehen, aber sie andererseits als zu anstrengend und viel zu unsicher empfinden? Das Neue ist immer ein Wagnis außerhalb unseres Autopiloten und außerhalb unserer Komfortzone. Jedes Wagnis birgt ein individuelles Risiko in sich. Für den einen ist es ein großes, für den anderen gibt es gar keins. Setzen wir unseren kleinen Ausflug in das spannende Gebiet unserer Wahrnehmung noch ein Stückchen weiter fort:

> *Wahrnehmung, auch als Perzeption bezeichnet, ist zunächst ein kognitiver Prozess, das Ergebnis unserer Informationsgewinnung und der Verarbeitung von Reizen aus der Umwelt und unserem Körperinneren. Dieser Prozess ist aktiv. Er ist trainierbar.*

Fragen wie »Bringt mich meine Wahrnehmung voran?« oder »Worauf möchte ich meine Aufmerksamkeit bewusst richten?« sind Schlüsselfragen für unseren Mut zur Veränderung, denn sie eröffnen den *Change* in unserem Kopf. Menschen beschäftigen sich seit Anbeginn damit, herauszufinden, was Wirklichkeit ist. Sehen wir die Realität? Und wenn nicht, was sehen wir dann? Was ist Realität eigentlich? Ist die Welt, wie wir sie wahrnehmen, tatsächlich so? Vielleicht haben Sie den Film *Matrix* aus dem Jahr 1999 gesehen, in dem man zwischen einer roten und einer blauen Pille wählen kann. Die blaue Pille führt in eine heile Traumwelt, die von der Matrix konstruiert ist. Die rote Pille hingegen öffnet die Augen und wir sehen die Welt wie sie wirklich ist, mit all ihren Unannehmlichkeiten und Risiken. *Matrix* ist ein Film, der das Spiel mit der Wahrnehmung einzigartig umsetzt. Für Menschen, die ihre Wahrnehmung als Wirklichkeit erachten, andere Menschen gern belehren und die eigene Sicht als die einzig wahre betrachten, sind Infragestellungen und Zweifel unbequem. Wir benötigen aber genau diese Kompetenz des Hinterfragens, denn sie kann lebensverändernd wirken.

Selektive Wahrnehmung ist wie der Blick durch eine Lupe. Sie vergrößert, sie rückt das in den Vordergrund, worauf sich unser Fokus richtet. Die Dinge stehen nicht tatsächlich im Vordergrund: Wir rücken sie selbst mit unserer Wahrnehmung genau dorthin, nämlich in unseren eigenen Aufmerksamkeitsraum. Die Covid-19-Pandemie ist ein gutes Beispiel dafür. Der Virus hat uns vereinnahmt. Von morgens bis abends ist er Programm: in allen Medien von Internet über Fernsehen, Radio, Zeitung, in Onlinemeetings und in Gesprächen mit der Familie oder mit Freunden. Überall wird über den Virus gesprochen. Es werden Talkshows zum Thema veranstaltet und bei Facebook wimmelt es nur so von Beiträgen zu Covid 19. Dabei geraten andere, wichtige gesellschaftliche Themen wie zum Beispiel der Umweltschutz, Altersarmut oder Wohnungsnot aus dem Blickfeld.

Gegenüber dieser selektiven, nicht immer unproblematischen Verengung unserer Wahrnehmung ist das ganz bewusste Lenken unserer Wahrnehmung nicht nur ein Akt der Fürsorge für den anderen, sondern auch für uns selbst. Eine bewusste Wahrnehmung ist die Basis unserer mentalen Gesundheit. Die Art wie wir wahrnehmen, vergrößert unsere Unzufriedenheit, unseren Schmerz, unser Leiden, aber auch unsere Zuversicht, Freude und auch das Glück. Selektive Wahrnehmung macht uns einerseits das Leben leichter, andererseits stagnieren wir in unseren Routinen. Aber *What If?* Wer könnten wir noch sein? Was wäre möglich, wenn ...? Darüber nachzudenken ist wichtig.

Bereits Immanuel Kant war davon überzeugt: Wir haben keinerlei Zugang zu dem, was wir objektiv als real beschreiben. Die Neurowissenschaften haben dies inzwischen längst bestätigt und stellen fest: Wir können die Realität nicht sehen. Das, was wir wahrnehmen, hat mit der Realität nichts zu tun. Aber was sehen wir dann? Ein hochkomplexes Netzwerk in unserem Gehirn liefert uns über unsere fünf Sinne (Sehen, Hören, Fühlen, Riechen, Schmecken) hinaus das, was wir Realität nennen.

Die 5 Sinne der Wahrnehmung (VAKOG) filtern Realität:

- visuell – sehen
- akustisch – hören
- kinesthetisch – fühlen
- olfaktorisch – riechen
- gustatorisch – schmecken

Wie subjektive Wirklichkeit über den Prozess der menschlichen Wahrnehmung entsteht und wie wir Wirklichkeit konstruieren, dass lässt sich in dem nachfolgenden, vereinfachten Modell nachvollziehen.

SUBJEKTIVITÄT DER WAHRNEHMUNG

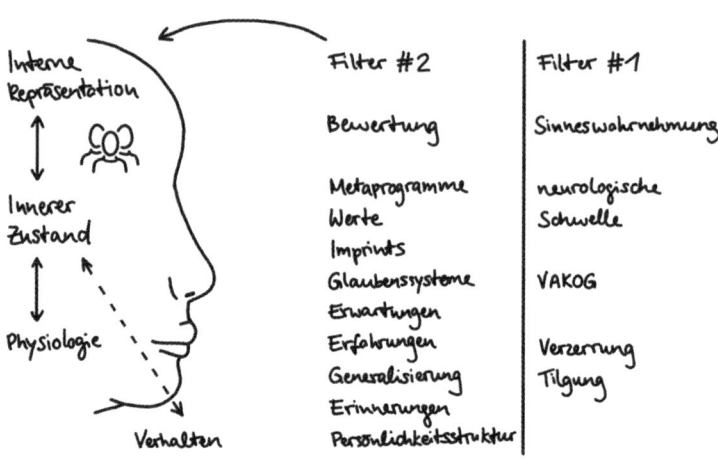

Das Modell der Subjektivität der Wahrnehmung in Kürze: Interne Repräsentation eines Gegenstandes oder einer Sache ist, wie im Modell dargestellt, das Ergebnis unserer subjektiven Wahrnehmung aus zwei Filtersystemen: Filter #1 und Filter #2. Der erste Filter, den Informationen passieren müssen, zeigt die selektive Wahrnehmung durch die neurologische Schwelle, unsere persönlichen Präferenzen der Sinneswahrnehmung (VAKOG), sowie die individuelle Verzerrung (weglassen und ausblenden) und Tilgung (umändern und umdeuten). Mittels Filter 2 durchlaufen die Informationen eine Bewertung, die von individuellen Metaprogrammen (auch sie sind Teil unbewusster Filter und Präferenzen unseres Denkens) und Persönlichkeitsstrukturen bestimmt werden. So entsteht eine eigene interne Repräsentation, die einen inneren Zustand entstehen lässt, der einerseits in unserer Physiologie widergespiegelt wird und andererseits unser Verhalten bestimmt. Subjektive Wahrnehmung, wie hier im Modell vereinfacht beschrieben, lässt uns eine eigene Wirklichkeit konstruieren. In der Art unserer Wahrnehmung liegt also alles, was wir denken, was unserem Wissen, unserem Glauben und unseren Erfahrungen zugrunde liegt, verborgen. Sie begründet unsere Hoffnungen, unsere Träume, entscheidet über die Art wie wir uns kleiden, welchen Beruf wir ergreifen, was wir entscheiden, was wir denken und wem wir vertrauen. Aufgrund der Art unserer Wahrnehmung sehen wir in unserer Individualität nur das, was uns in der Vergangenheit geholfen hat, zu überleben. Wahrnehmung ist also nicht nur individuell, sondern gleichzeitig eine Manifestation der Vergangenheit. Wie lässt sich dann aber der Mut zum Neuen kultivieren?

Wie wir neu und anders denken
Wie können wir aus alten, festgefahrenen Denkstrukturen heraustreten? Wie kommt das Neue, die Zukunft in unsere Welt? Wie verabschieden wir uns von einer Haltung wie »Das haben wir schon immer so gemacht«, von Strategien und Verhaltensweisen, die an der alten Welt festhalten? Und wie erschaffen wir ein tatsächlich neues Denken? Wie können wir unsere Denkräume öffnen, die uns über unsere Kreativität zu Innovationen führen? Die Antwort ist einfacher, als Sie erwarten werden. Wir müssen unsere Perspektive wechseln. Kausales Denken in Ursache und Wirkung reicht in einer komplexen Welt nicht mehr aus. Anders denken bedeutet, den Autopiloten im Gehirn selbstbestimmt an- und abzuschalten. Es

bedeutet, seine Antworten nicht nur in der Vergangenheit zu suchen und gemachte Erfahrungen automatisch zu wiederholen, um sie für die Lösung von Problemen und Aufgaben von heute und von morgen zu nutzen. Ein neues Denken fordert uns auf, unseren Aufmerksamkeitsraum achtsamer zu nutzen. Eine systemische Denkweise fördert bekanntermaßen ein Denken in Möglichkeiten und lässt uns über den Tellerrand einer Verkettung von Ursache und Wirkung schauen. Das Geheimnis des Umlernens heißt, folgende Aspekte einzuüben:

- Feedback als eine selektive Wahrnehmung betrachten
- Sich an Lösungen zu orientieren
- In Möglichkeiten zu denken
- Zu interagieren
- Funktional zu denken (das Gute im Schlechten zu sehen, das Problem als Lösung für andere Probleme etc.)
- Sich an seinen Stärken zu orientieren

Versuchen wir unsere Wahrnehmung noch besser zu verstehen:

1. Im Kurzzeitgedächtnis können wir gleichzeitig nur 7 plus/minus 2 IE oder Chunks, aufgenommen über unsere Sinneskanäle, präsent halten. Bekannt wurde dieser Fakt zur Aufnahmefähigkeit des menschlichen Gehirns auch als Millersche Zahl.[11] Der tatsächlichen Informationsflut begegnen wir, oder besser unser Gehirn, mit einer massiven Filterung (siehe Schaubild zu Subjektivität der Wahrnehmung, S. 124).
2. Unser Gehirn arbeitet ähnlich eines Erinnerungsspeichers. Das heißt, es sucht permanent nach erlebter Vergangenheit. Wenn wir etwas Neues wahrnehmen, werden bereits erlebte und erinnerte Erfahrungen mit der aktuellen, neuen Situation vergli-

---

11 George A. Miller: *The Magical Number Seven, Plus or Minus Two: Some Limits on Our Capacity for Processing Information*, in: The Psychological Review, Nr. 63, 1956, S. 81–97.

chen. Das Gehirn sucht dabei wie ein Scanner nach Ähnlichem, nach bereits Bekanntem. Ziel ist es, das Neue einschätzen zu können. Lauert da etwa eine Gefahr, vor der wir fliehen sollten, oder erwartet uns etwas Gutes, Lohnendes, das wir willkommen heißen dürfen? Sie kennen solche Wahrnehmungserfahrungen aus Ihrem Alltag: Ihr neuer Chef stellt sich vor und Sie haben ein mulmiges Gefühl, obwohl Sie ihn noch gar nicht kennen. Warum? Weil Sie zum Beispiel an den mobbenden Kollegen aus der alten Firma denken müssen. Ein anderes Beispiel: Beim Geruch von frischem Kakao fühle ich mich schlagartig entspannt und ich bekomme sofort gute Laune. Kein Wunder! Meine geliebte Großmutter kochte regelmäßig für uns Kinder einen köstlichen Kakao. Diese Phänomene sind sogenannte »somatischen Marker«. Unsere Erinnerungen sind mit den Emotionen verbunden, die uns bei einer Erfahrung begleitet haben. Sie sind zusammen in einem emotionalen Erfahrungsgedächtnis abgespeichert. Doch Vorsicht! Das, was wir wahrnehmen, kann uns tatsächlich in die Irre führen. Manchmal verknüpfen wir alte Gefühle mit etwas ganz Neuem (siehe das Beispiel neuer Chef). So entstehen häufig negative Erwartungen für unsere Zukunft. Es kann folglich gefährlich sein, in den Erinnerungen nach dem Neuen zu suchen. Es gibt kein nützliches Äquivalent aus unserem Erfahrungsschatz, welches wir abrufen können. Insofern ist die Schulung unserer Wahrnehmung zu einem »Open Mind« sehr bedeutsam.

3. Unserer Wahrnehmungs- und Verarbeitungssoftware braucht außerdem ein Update. Tatsächlich leben wir noch immer mit einer Software mit einer Aktualität von vor 2,8 Millionen Jahren. Diese Überlebenssoftware ist tatsächlich noch auf die Gefahren einer längst vergangenen Umwelt ausgerichtet. Sie entspringt der Zeit, als der Säbelzahntiger im Unterholz lauerte. Damals ging es um das nackte Überleben. Diese veraltete Software führt dazu, dass wir noch immer ständig überprüfen, ob die aktuelle Situation lebensgefährlich ist. Das bedeutet, das Negative rückt grundsätzlich in den Vordergrund unserer Wahr-

nehmung. Diese Negativitätstendenz ist ein echtes Handicap. Negatives, wie zum Beispiel ein kritisches Feedback oder auch ein Misserfolg, geraten aus diesem Grund viel stärker in unser Bewusstsein als etwas Positives. Man geht sogar davon aus, dass negative Erfahrungen 3-4 x stärker wirken als positive Erfahrungen. Unser Gehirn ist auch heute noch auf die Vermeidung von Schmerz und das Überleben ausgerichtet und nicht auf das Glück und die Erfüllung. Aber es ist lernfähig. Wenn wir positive Erfahrungen oft genug wiederholen, dann werden sie neu miteinander verknüpft. Man nennt das »Neuroplastizität«. Es ist die Fähigkeit des Gehirns, sich selbst zu verändern. Das funktioniert bis ins hohe Alter. Stellen Sie sich das so vor: Jede Aktivität, jede Reaktion löst eine synaptische Verschaltung der betreffenden Neuronen aus. Wiederholungen bahnen dann dieser neuronalen Verschaltung den Weg. Letztlich wird aus einem Trampelpfad an neu verknüpften Nervenzellen wieder eine schnelle und stabile neuronale Datenautobahn. Wir können also Schritt für Schritt neue Erfahrungen installieren und das Leben in jede beliebige Richtung verändern. Allerdings kostet uns Veränderung neben Mut auch Willenskraft. Um eine solche neue Verbindung herzustellen, brauchen wir im Schnitt ganze 66 Tage. Die Formbarkeit unseres Gehirns können wir laut den Erkenntnissen der Neurobiologie mit Techniken wie Affirmationen und Meditation unterstützen. Setzen wir unser lernbereites, formbares Gehirn allerdings einem Kontext ohne Herausforderungen aus, dann wird es sich auch hier entsprechend anpassen. Umwelt und Kontext sind deshalb für den Umgang mit dem Neuen nicht unerheblich.

4. Glauben Sie nicht alles, was Sie denken. Gedanken sind keine Tatsachen. Wir sollten sie deshalb auch einfach als Gedanken behandeln und mit ihnen achtsam und bewusst umgehen. Wir sind frei, zu denken, was wir wollen. Wie schnell passiert es Ihnen, dass Sie etwas hören oder sehen und es sofort mit einer Bewertung verbinden, die aus dem Wahrgenommen letztlich einen Hard-Fakt macht? Vielleicht ist es so oder vielleicht ist es

aber auch ganz anders? Statt schnell zu bewerten, sollten wir mehr Fragen stellen. Stellen Sie antrainiere Meinungen und Sichtweisen infrage. Die Kunst dieses Zweifelns ist kein »Missmatching«, sondern eine Möglichkeit, unsere komplexe Welt besser kennenzulernen. Mit unseren Fragen tauchen wir in die Welt des Gegenüber ein, erweitern unseren Horizont und helfen uns, über den Tellerrand zu schauen.

5. Die Schulung unserer Wahrnehmung fördert die Flexibilität in unserem Denken. Wenn meine Welt nicht die Wirklichkeit ist und Ihre auch nicht, wenn sich alles in permanenter Bewegung befindet, dann sind wir gut beraten, Perspektiven wechseln zu können und uns in fremde Wirklichkeiten einzufühlen. Flexibilität erlangen wir durch einen bewussten Wahrnehmungswechsel:

- ICH-Position = subjektive Wahrnehmung
- DU-Position = Blick aus den Schuhen eines anderen (Dissoziation/Empathie)
- META-Position = neutrale Sicht, Helikopterblick, Blick von oben auf einen Prozess

Die Fähigkeit, bewusst mit den verschiedenen Wahrnehmungspositionen zu jonglieren, verschafft uns eine erweiterte Wahrnehmung. Diese Kompetenz hilft uns, fokussiert zu agieren und sollte für uns ein Dauerauftrag in einer sich verändernden Welt sein.

> **Kompakt – Die Mutquelle *Fokus***
>
> - Treffen Sie selbständig Entscheidungen. Ihre Energie folgt Ihrem Fokus. (Die Wahrnehmung schulen & Aufmerksamkeit lenken).
> - Glauben Sie nicht alles, was Sie denken. (Achtsam wahrnehmen, Bewertungen loslassen, infrage stellen & Fragen stellen).
> - Perspektivwechsel: Üben Sie sich darin, neue, unbekannte Denkräume zu öffnen. (Lernen Sie anders zu denken: Möglichkeiten, Gelegenheiten, Chancen. Denkalternativen werden Innovationen).
> - Machen Sie es sich nicht so leicht: »Habe Mut, dich deines eigenen Verstandes zu bedienen.« (Immanuel Kant). Folgen Sie nicht blind dem Mainstream und schauen Sie selbst genau hin, halten Sie Ihre Augen stets für andere Wirklichkeiten offen. Wir müssen nach neuen Möglichkeiten suchen statt nach der Bestätigung des Alten (Transformation vom Bewahrer zum Chancensucher).
>
> Sich zu fokussieren heißt, der Aufmerksamkeit achtsam eine Richtung zu geben. Das, was wir fokussieren, wird zu unserer Realität. Ganz gleich, wo wir stehen, wie hart die Vergangenheit war oder wie schwer die momentane Situation gerade sein mag: Wir haben immer wieder aufs Neue die Macht, unsere Zukunft neu zu gestalten. Ein guter Anfang ist, sich auf unbekannte Perspektiven auf die Welt einzulassen. Klären Sie daran anschließend Ihre Ziele und Absichten. Nichts ist so kraftvoll und mutstiftend wie ein klarer Fokus auf das, was wir wirklich wollen.
>
> Worauf möchten Sie Ihren Fokus ausrichten?
>
> Welche Vision gibt Ihrem Unternehmen oder Ihrem privaten Lebenskonzept Zugkraft?

> Welche Vision haben Sie von einer Gesellschaft, in der wir alle gemeinsam leben möchten?
>
> Es ist unsere Entscheidung, wie wir die Dinge betrachten wollen. Wir haben die Wahlfreiheit. Mut startet mit unseren Gedanken, beginnt in unserem Kopf. Kein Mut ohne Fokus.

Mutquelle Nr. 2: Risikokompetenz – Augen auf und tanzen

Was wäre das Leben, hätten wir nicht
den Mut etwas zu riskieren.
(Vincent van Gogh)

Kein Mut ohne Risikokompetenz. Das Neue wird es ohne den Mut zum Risiko nicht geben. Warum sollte ich aber etwas riskieren, wenn mir nichts garantiert werden kann? Vielleicht doch lieber eine Versicherung abschließen oder angeschnallt durch die Waschanlage fahren? Sicher ist sicher? »Lieber den Spatz in der Hand, als die Taube auf dem Dach«, heißt es in einem alten deutschen Sprichwort, das zur Sicherheit mahnt. Vorsicht vor einem Leben im Warteraum! Überlassen wir die Sicherheit den Bereichen, in denen sie unabdingbar ist: Sicherheitssysteme braucht es z. B. in der Notfallmedizin und im Operationssaal, im Flugverkehr und in Atomkraftwerken.

Das Wort Risiko stammt von dem altitalienischen »risco« und bedeutet »Klippe«. Wie in der Schifffahrt müssen wir im Leben Klippen umschiffen. Veränderung ist nicht aufzuhalten, und wer nicht gestaltet werden will, der ist zum Wagnis aufgerufen. Doch wo können wir lernen, wie wir uns risikokompetent verhalten? In der Schule, in der Ausbildung und im Studium wird diese Kompetenz bisher nicht vermittelt. Ganz im Gegenteil, wir lernen schon als Kinder, uns abzusichern. Aus der Reihe zu tanzen und ein Wagnis einzugehen, wird nicht belohnt. Dabei ist Fakt:

1. Unsicherheit und Ungewissheit gehören zu jeder Veränderung: Leben ist Veränderung.
2. Sicherheit ist eine Illusion.

Wir kommen an der Entwicklung einer Risikokompetenz also nicht vorbei. Risikokompetenz bedeutet, mit Risiken bewusst und kompetent umzugehen und in unsicheren Situationen angemessen zu reagieren.

Eigentlich ist uns eine bestimmte Risikointelligenz angeboren. Auch Tiere gehen keine unnötigen Wagnisse ein. Uns Menschen ist diese Kompetenz im Laufe der Zeit abhandengekommen. Oder haben wir sie uns etwa selbst abtrainiert?

- Wie viel Raum geben wir unseren Kindern, eigene Erfahrungen zu sammeln? Wie viele Stoppschilder setzen wir ihnen? Wie viele unserer eigenen Ängste übertragen wir auf sie?
- Was trauen Führungskräfte ihren Mitarbeitern zu? Wie viel Verantwortung geben wir ihnen? Wie viel Gestaltungskraft räumen wir ihnen ein? Wie selbstbestimmt dürfen sie handeln?
- Wie viel Bevormundung produziert eine Gesellschaft voller Angsthasen? Wie viele Vorschriften bremsen eigenverantwortliches Handeln aus?

Wir dürfen und müssen diese Kompetenz wieder neu lernen. Das Leben ist nichts für Feiglinge. Risiken sind mit bestimmten Ängsten verbunden. Der Angst davor:

- Fehler zu machen und zu scheitern
- Sich verletzlich zu zeigen
- Sein Gesicht und damit an Ansehen zu verlieren
- Finanzielle Verluste zu erleiden

Alle diese Ängste verführen uns zu risikoarmen und unmutigen Entscheidungen.

Die Psychologen Daniel Kahnemann und Amos Tversky haben bereits in den 80er Jahren in ihren Forschungen erkannt, dass Menschen nicht das Risiko selbst, sondern den Verlust dahinter scheuen. Veränderungen bringen diese Verluste leider mit sich. Wir zahlen immer einen Preis, wenn wir »das Alte« loslassen. In unternehmerischen *Change*-Prozessen sind das oft: Status, Machteinfluss, eine Funktion oder schlimmstenfalls sogar die Anstellung. Hinter jeder Entscheidung und neuen Strategien lauert ein Risiko, das die Wahrscheinlichkeit eines unerwünschten Ergebnisses in sich trägt.

Klug riskieren
Klug riskieren? Die Kunst risikokompetent zu handeln, besteht darin, mit Momenten der Verfehlung angemessen umgehen zu können. Das ist eine anspruchsvolle Aufgabe, sagen Risikoforscher. Der Mensch an sich geht nämlich mit Risiken intuitiv eher unklug um. Nach Prof. Dr. Ortwin Renn (deutscher Soziologe, Volkswirt und Risikoforscher) muss man den Umgang mit Risiken lernen und auch üben. Der Glaube, dass sich diese Kompetenz aus Erfahrungen speist, ist nur bedingt richtig. Ein klassisches Beispiel ist die prozentuale Darstellung von Risiken. Wenn es heißt: Das Regenrisiko am Wochenende liegt bei 40%, bedeutet das was? Man mag meinen, es regnet dann 40% der Zeit oder auf 40% der Fläche der Ortsangabe, oder...? Tatsächlich bedeutet es, dass es an 40 % der Tage regnen wird, die durch die gleiche Wetterlage charakterisiert sind wie dieses Wochenende.

Immer wieder passiert es, dass uns ganz klassische Denkfehler unterlaufen. Greifen wir noch einmal das Beispiel des Terroranschlages 2001 in New York auf. Die Folgen der Angst vor derartigen Anschlägen war so hoch, dass Menschen andere Risiken (wie zum Beispiel das Risiko bei einem Autounfall zu verunglücken) unterschätzten und die Möglichkeit von neuen Terroranschlägen im Flugverkehr überschätzten. Das Unwahrscheinliche kommt uns plötzlich wahrscheinlich vor. Haben Sie sich schon Mal gefragt, wieso wir uns vor einem Flugzeugabsturz mehr fürchten, wenn doch die Wahrscheinlichkeit eines Autounfalls bedeutend höher ist? Weshalb viele Menschen Lotto spielen, obwohl bekannt ist, dass die Chance auf 6 Richtige geringer ist, als von einem Blitz getroffen zu werden? Risiken lauern an jeder Ecke unseres Alltagslebens. Sie sind nicht von kausaler Natur, sondern beruhen auf komplexen systemischen Zusammenhängen. Deshalb sind sie mit einer einfachen Risikoanalyse nicht erkennbar. Das menschliche Gehirn reduziert Komplexität und vereinfacht, um schnelle Entscheidungen treffen zu können. In Gefahrensituationen und in Angstzuständen übernimmt das Stammhirn die Kontrolle, und wir sind im Kampf- und Fluchtmodus. Wir holen uns dann sogenannte »Daumenregeln« zur Beurteilung (Urteilsheuristiken). Das geht oft schief, denn Dinge, die stark in unserer Erinnerung präsent sind, rücken in den Vordergrund und wir sehen »Pi mal Daumen« eine höhere Wahrscheinlichkeit des Eintritts. Auch starke momentane Emotionen können unsere Entscheidungskraft subjektiv beeinflussen (Affektheuristiken.) Wenn uns wiederum etwas sehr vertraut ist, dann unterschätzen wir möglicherweise das Risiko und werden unvorsichtiger. Ich stürze beispielsweise genau auf dem Ski-Hang, den ich schon hundertmal hinuntergefahren bin und den ich wie meine Westentasche kenne. Forschungsergebnisse haben gezeigt, dass unsere Persönlichkeitsstruktur einen großen Einfluss auf unser Risikoverhalten hat.

Was unsere Persönlichkeit über unser Risikoverhalten verrät
Unsere Persönlichkeit hat einen hohen Einfluss auf die Tendenz unseres Risikoverhaltens. Grundsätzlich gibt es a) eher risikofreudige Menschen und b) eher risikoscheue Menschen. Die Risikowahrnehmung im Speziellen ist ein sehr individuelles Konstrukt. Was ich als hohes Risiko wahrnehme, muss für Sie noch lange keines sein. Risikowahrnehmung basiert außerdem auf Hypothesenbildung. Es kann also passieren, dass für gleiche Risiken unterschiedliche Vermutungen aufgestellt werden. Die Forschung verweist auf vier Charaktermerkmale und ihre Ausprägungen, die für unser persönliches Risikoverhalten eine Rolle spielen: Optimis-

mus, Impulsivität, Gewissenhaftigkeit und das Bedürfnis nach positiver Stimulation. Der Optimist geht verständlicherweise eher Risiken ein, weil er seinen Fokus auf den Gewinn und nicht auf den möglichen Schaden ausrichtet. Ein impulsiver Mensch wünscht sich eine schnelle Belohnung und handelt deshalb vermehrt risikofreudig. Menschen, die nicht gewissenhaft sind, neigen wiederum zu einem erhöhten Risikoverhalten. »Sensation Seeking«, sie stimulieren sich mit starken Reizen und sind deshalb bereit, besonders große Risiken einzugehen. Wenn wir unsere Persönlichkeit innerhalb dieser Eigenschaften selbst gut einschätzen können, entwickeln wir auch ein Bewusstsein für unsere Risikobereitschaft. Innerhalb dieser Mustererkennung sollten wir uns stets selbst einschätzen, um den angemessenen Grad an Risikobereitschaft zu wählen: »Halte ich mich gerade zu stark zurück?« oder »Ist dieser Einsatz zu hoch?« Unser Risikoverhalten wird schließlich von unserer sozialen Interaktion beeinflusst. Gruppenentscheidungen, insbesondere die von stark homogenen Gruppen, sind oft einseitig und deshalb auch besonders risikoreich. Die Einseitigkeit der Betrachtung kann neben der Homogenität zusätzlich durch Informationsdefizite einzelner Gruppenmitglieder verstärkt werden. Insofern sind Teamentscheidungen nicht, wie oft angenommen, unbedingt die klügeren.

Entscheiden unter Risiko

> *Wenn es Regenschirme gibt, kann man nicht mehr risikofrei leben: Die Gefahr, dass man durch Regen nass wird, wird zum Risiko, das man eingeht, wenn man den Regenschirm nicht mitnimmt. Aber wenn man ihn mitnimmt, läuft man das Risiko, ihn irgendwo liegenzulassen.*
> *(Niklas Luhmann)*

Der Soziologe Niklas Luhmann hat die Risikowahrscheinlichkeit in seinem Aufsatz *Die Moral des Risikos und das Risiko der Moral* (1993) sehr anschaulich an dem Beispiel eines Regenschirms vorgeführt.

Angstfreies Handeln ist genauso leicht wie das Vermeiden einer Handlung aufgrund einer konkreten Angst. Wer aber trotz seiner Angst handelt, ist mutig. Es gibt keine sicheren Entscheidungen, dass wissen wir alle. Dennoch sind wir bei jeder Entscheidung versucht, Sicherheiten zu suchen und herzustellen, oder aus dieser Erwartung heraus eine Entscheidung im Zweifel zu unterlassen. Aber wie will man sich bei all den Möglichkeiten auch entscheiden können? Jede Entscheidung ist nicht nur ein Ja zu etwas, sondern auch ein Nein gegenüber etwas anderem. Multioptionalität erhöht das Risiko, den vermeintlich falschen Weg einzuschlagen. Ich höre immer wieder das Mitarbeiter die Entscheidungsstärke ihrer Chefs bemängeln. Sind unsere Führungskräfte und Manager zu risikoscheu? Laut der Studie *Global Culture Survey* aus dem Jahr 2018 schätzen sich 63% der deutschen Unternehmen selbst als risikoscheu ein und verharren eher in starren Handlungsmustern. Die Entscheidungskultur in Deutschland ist auffällig defensiv geprägt. Das zeigt sich beispielsweise

- in einer hohen Absicherung vor Misserfolg (negative Fehlerkultur),
- in Mainstreamentscheidungen (Gruppenzwang),
- in der Furcht vor Haftung und rechtlichen Auseinandersetzungen,
- in langen bürokritisierten Entscheidungswegen,
- in einem hohen Aufwand bei der Informationsgewinnung,
- in einer starken Absicherung durch statistisches Material,
- in einer starken Prozesskultur und in langsamen *Change*-Prozessen.

Laut der Verhaltensforschung treffen wir bis zu 20.000 Entscheidungen täglich, sogenannte »Blitzentscheidungen«. Die meisten dieser Entscheidungen werden im Unterbewusstsein getroffen. Die Entscheidungen, die wir bewusst treffen, sind hingegen eine Herausforderung. Deshalb schieben wir sie gern auf oder wählen den Weg des geringsten Widerstandes. Vielleicht kennen auch Sie diese Entscheidungsschwäche im Kleinen? Wie oft kaufen wir dieselbe Marke, weil wir kein Qualitätsrisiko eingehen wollen? Wie oft essen wir im Restaurant das gleiche Gericht? Nur nichts Neues ausprobieren, Risiko im Verzug! Wir entscheiden entweder sehr langsam und sicherheitsbewusst oder übereilt und risikofreudig oder manchmal auch lieber gar nicht. Beschreiben diese Vorgänge eine verantwortungsbewusste, zielführende und zugleich mutige Entscheidungskultur? Wie können wir unsere Entscheidungskultur entwickeln und reifen lassen? Ein gutes Leben ist schließlich das Ergebnis guter oder kluger Entscheidungen. Eine Entscheidung zu treffen, ist allemal besser, als keine zu treffen. Es ist sinnvoller, etwas zu riskieren, als später zu bereuen, keine Entscheidung getroffen zu haben. Was braucht es also, um risikokompetent zu entscheiden? Wie können wir die Risikobereitschaft bei uns und unseren Mitmenschen wecken, um Innovationen voranzubringen und Wagnisse für das Neue einzugehen?

Der Hauptfeind kluger Entscheidungen ist meines Erachtens unsere Unfähigkeit, ein Problem vielseitig zu perspektivieren und in seiner Komplexität zu betrachten. Es ist nicht unbedingt relevant, welche Entscheidungstools (und es gibt derer viele) wir nutzen, sondern mit welcher Haltung wir Entscheidungen treffen. Viele Menschen und viele Unternehmen stecken mehr Kraft in die Auswahl der richtigen Tools und Techniken als in die Inhalte, über die entschieden werden muss. Ich rate Ihnen, klären Sie folgende Fragen:

1. Was macht für Sie eine gute Entscheidung aus?
2. Welche Sichtweisen sind für diese spezielle Lösungsfindung hilfreich und interessant? Das können die Perspektive des Kollegen, Ihrer Kunden, Ihres Chefs, eines Freundes oder eines Rivalen sein. Achten Sie dabei auf Ihr Bauchgefühl. Zielführend ist, so viele verschiedene Perspektiven wie möglich einzunehmen, um Risiken und Chancen realistisch herauszuarbeiten. Das Mehrbrillenprinzip ermöglicht es, aus unseren automatischen Denkstrukturen und Routinen herauszutreten und unseren Er-

fahrungsschatz zu erweitern. Dazu gehört auch das Zweifeln wieder zu erlernen. Ich spreche hier vom Zweifel als eine Art gesundes Bedenken. Er wirkt wie ein Wechsel der Blickrichtung und eine Erweiterung unseres Denkrahmens. Zweifel im Sinne von »sich nicht festlegen wollen« zeugen hingegen von Mutlosigkeit.

3. Welche Chancen und welcher Gewinn sind im Gegensatz zum schlimmsten Szenario denkbar?
4. Wie hoch ist die Wahrscheinlichkeit des erdachten Worst-Case-Szenario?
5. Wie viele Informationen wollen oder müssen Sie in Ihre Entscheidung einfließen lassen? Wann sagen wir, genug ist genug?
6. Was genau gibt uns inneren Halt, wenn wir in Unsicherheit entscheiden müssen? Worauf können wir uns verlassen?
7. Welche Haltung nehmen wir ein, wenn wir mit Fehlern oder dem Gefühl des Scheiterns umgehen müssen?

Was wir außerdem bedenken dürfen, und was es uns leichter machen kann: Entscheidungen werden in der Gegenwart getroffen und retroperspektivisch bewertet. *Wann* ist eine Entscheidung also falsch oder fehlerhaft? Und *wer* sagt überhaupt, was richtig und was falsch ist? Wer ist der Feedbackgeber? Vielleicht gibt es keine falschen Entscheidungen? Keine Entscheidung ist in Stein gemeißelt. Alles entwickelt sich weiter. Wir leben das Leben vorwärts und verstehen es rückwärts. Es wäre deshalb vorteilhaft, uns darin zu üben, die Änderung einer Entscheidung im Laufe der Zeit zu tolerieren. Diese »Umentscheidungstoleranz« ist nicht mit Wankelmut zu verwechseln. Gehen Sie dynamisch (nicht beliebig) mit Ihren Entscheidungen um, statt zu erstarren: »Das habe ich jetzt so entschieden, also muss ich da auch durch.« Eine Entscheidung zu revidieren, als Fehler zu erklären und neu zu entscheiden, ist in einer Wissensgesellschaft, in der Informationen eine minimale Halbwertzeit haben, zwingend notwendig.

> **Kompakt – Die Mutquelle *Risikokompetenz***
>
> Wir können das Leben und die Welt nicht sicher machen und dennoch ist Sicherheit ein Trend in unserer Gesellschaft. In der Unternehmenswelt erliegen wir dem Versuch, Risiken mittels Planungen zu minimieren. Doch für eine innovative Zukunft ist es klüger, Risikobereitschaft zu wecken, um flexibel und situativ optimal agieren zu können. Wir müssen lernen, mit Unsicherheiten und Risiken kompetent umzugehen und Verfehlungen immer als mögliche Option mit einzubeziehen. Unsicherheitstoleranz oder auch Ambiguitätstoleranz ist eine bedeutende Kompetenz in einer Welt, die sich in einem andauernden Wandel befindet. Innere Standfestigkeit (Resilienz) hilft uns Risiken zu bewältigen. »Ein Risiko einzugehen, ist die Entscheidung, einen Nutzen zu genießen und dabei einen zukünftigen Schaden mit einer mehr oder weniger gut bestimmbaren Eintrittswahrscheinlichkeit und einem ungewissen Ausmaß in Kauf zu nehmen.«[12] Wissen kann unsere Ängste minimieren. Übernehmen Sie Verantwortung für Ihr Denken und Ihr Fühlen. Welches Risiko sind wir bereit zu akzeptieren?

Es wird immer wieder empfohlen, Risikokompetenz über Mutproben zu erlangen. Das ist jedoch kein guter Rat, denn Risikokompetenz möchte nicht dazu anstiften, zu verdrängen oder auch übermütig zu agieren. Es handelt sich um eine Kompetenz, die wir erlernen und die wir durch ein permanentes Üben stärken können. Nichts also gegen Mutproben, wenn sie dazu dienen, diese neu ge-

---

12 Silje Kristiansen, Heinz Bonfadelli, Risikoberichterstattung und Risikoperzeption. Reaktionen von Medien und Bevölkerung in der Schweiz auf den AKW-Unfall in Fukushima, in: Jens Wolling, Dorothee Arlt (Hrsg.), *Fukushima und die Folgen. Medienberichterstattung, Öffentliche Meinung, Politische Konsequenzen*, Universitätsverlag Ilmenau 2014, S. 299.

wonnene Kompetenz im Nachgang weiter zu üben und zu festigen. Es gibt keinen Mut ohne die Eigenschaft der Risikokompetenz.

Risikokompetenz ist folglich eine Quelle für mehr Mut. In diesem Sinn: Was kann uns schon passieren? Augen auf und tanzen!

Mutquelle Nr. 3: De-Mut – unperfekt perfekt

> *Demut besteht nicht darin, sich geringer als die anderen zu fühlen, sondern sich von der Anmaßung der eigenen Wichtigkeit zu befreien.*
> (Matthieu Ricard)

Kein Mut ohne Demut. »Demut, ist das nicht so eine veraltete Tugend? Was soll das denn jetzt? Diesen Baustein nehmen wir mal lieber raus.« Das sagte ein Manager in der Vorbesprechung zu einem Impulstag (»Mut für Führungskräfte«), zu dessen Moderation er mich angefragt hatte. »Wollten Sie uns nicht helfen, unsere Führung zukunftsträchtig aufzustellen?«, fragte er. »Ja«, antworte ich und lächelte freundlich. Für einen kurzen Moment fühlte ich mich verunsichert und machte eine Pause. Ich bemerkte, dass mein Gegenüber unruhig wurde. Er sah mich beinahe schon etwas genervt an. »Warum glauben Sie, ist Demut nicht zeitgemäß? Warum ist sie aktuell Ihrer Meinung nach nicht mehr relevant?«, fragte ich nach, als ich mich wieder gefangen hatte. Wie aus der Pistole geschossen und mit einem leicht aggressiven Unterton sagte er: »Weil Demut eine Tugend von vorgestern ist und damit längst veraltet. Weil wir mündig sind und uns nicht mehr ducken. Genau deshalb. Demut hat doch nun wirklich nichts mit Mut zu tun.« »Ach so«, sagte ich neutral. Blicken die Führungsetagen von heute tatsächlich in dieser Weise in die Welt? »Darf ich Ihnen erläutern, welches Verständnis ich von Demut habe, und warum ich überzeugt bin, dass Demut eine bedeutende Kompetenz in Zeiten des Wandels (und übrigens nicht nur im Führungsalltag) ist?«, erwiderte ich. Ich gebe zu, plötzlich hatte ich Lust auf diese Diskussion bekommen. Als ich mit meinen Ausführungen fertig war, schaute er mich an und sagte: »Sie werden meine Leute überraschen und überzeugen, dessen bin ich mir sicher. Ich freue mich auf unsere Zusammenarbeit.« Jetzt war ich überrascht, mit dieser Wende hatte ich fast nicht mehr gerechnet.

Anselm Grün (Benediktinerpater, Betriebswirt und Trainer für Führungskräfte) setzt sich in seinen Schriften und Büchern zum Thema Führung stark mit diesem Thema auseinander. Laut seiner Grundauffassung ist eine Führungspersönlichkeit ein Verantwortlicher, der dem Leben dient und Kreativität, Fantasie, Gestaltungslust und Lebendigkeit bei seinen Mitarbeitern hervorlockt. Es braucht Führungskräfte, die Unternehmen erneuern, die einen Rahmen schaffen, in dem Menschen erblühen können.

Mit Demut auf unsere Welt zu schauen, wirft viele Fragen auf: Wie gehen wir Menschen, mit unserem Lebensraum, anderen Lebewesen auf diesem Planeten um? Wie begegnen wir anderen Kulturen? Wie wollen wir arbeiten und wirtschaften? Welchen Blick haben wir auf die alte und die junge Generation in unserer Gesellschaft?

Warum wir Demut brauchen und sie eine starke Mutquelle ist
Ohne Demut kein Mut! Wenn Mut, wie oft üblich, mit Slogans wie »Einfach machen« oder »Du musst nur wollen« übersetzt wird, werden falsche und behindernde Signale gesetzt, weil darin der Mut zugunsten des Konzepts von Leistung aus dem Fokus gerät. Ganze Generationen bis zu den sogenannten »Babyboomern« (die Generation von 1946-1964) definieren sich noch heute teilweise ausschließlich über den Begriff der Leistung. Die Folgen dessen sind sichtbar geworden: ein sich immer weiter ausbreitender Machbarkeitswahn, die Förderung von Hochmut, egozentrische Workaholics, die Tabuisierung von Fehlern, die Bestärkung einer Ellenbogenmentalität. Die Liste ließe sich ohne Mühe ergänzen. In der Arbeitswelt von heute erleben wir, im Unterschied zu den letzten Jahrzehnten, drastische Anstiege in den Bereichen Burnout, Depressionen, psychosomatisch bedingten Krankheiten und damit

einhergehend ein zunehmender Missbrauch von Psychopharmaka, Alkohol und ein wachsender Drogenkonsum. Und dies, obwohl die Generationen während und nach dem Zweiten Weltkrieg unter bedeutend härteren Bedingungen arbeiten und leben mussten als wir. Dieser Anstieg sollte uns besonders nachdenklich machen. Es ist unser Preis für die gesellschaftlich etablierte Sicht auf Arbeit. Die sogenannte »Generation Y« und die »Generation Z« haben inzwischen einen anderen, differenzierteren Blick auf ihr Leben und die Arbeitswelt. Wichtig ist, dass wir nun gemeinsam über neue Strukturen in der Arbeitswelt nachdenken und nach ausgewogenen Konzepten von Arbeit und Leben suchen. Die zu beobachtende gesellschaftliche Transformation unserer Arbeitswelt liegt nicht nur in einer immer stärkeren Digitalisierung begründet, sondern auch in einem demütigeren Blick auf den Menschen. Wir stehen noch ganz am Anfang einer gesellschaftlichen Diskussion über diesen Wandel.

Demut trägt eine wertvolle Schutzfunktion in sich, die wir mehr denn je benötigen. Sie gibt uns in diesen Zeiten des Wandels eine erforderliche Anbindung an die Realität. Damit schützt sie uns davor, den Boden unter den Füßen zu verlieren. Jeder kann und sollte eben nicht alles tun. Wir brauchen weder eine plakative, noch eine gleichgeschaltete Motivation. Unsere Individualität zu leben heißt, besondere Stärken zu haben, aber eben auch die ein oder andere Schwäche, z. B. eine nicht so stark ausgeprägte Kompetenz wahrzunehmen und sie anzunehmen. Wir wissen schon lange, dass es viel klüger ist, unsere Stärken, unsere individuellen Kompetenzen weiter auszubauen, als angestrengt und ängstlich an unseren Schwächen zu basteln. Warum soll ich aufopferungsvoll für einen Triathlon trainieren, wenn ich mit Freude am Üben den Hamburg Marathon gewinnen kann oder vielleicht im stillen Kämmerlein mein Talent zum Malen auslebe? Dennoch werden pauschale Ansagen wie »Mach es einfach« und »Los! Tschaka!« eindringlich weiter in diese Welt posaunt. Ich sage es an dieser Stelle noch einmal: Wir können nicht alles erreichen. Und nein, wir können auch nicht alles werden. Wenn wir nicht den Mut haben, diese Wahrheit in

Demut auszusprechen, dann sind wir weit von echtem Erfolg entfernt. Diese Sichtweise stellt keineswegs eine Begrenzung dar, sondern ist vielmehr eine Erweiterung unseres Denkens über Erfolg und seine klischeehaften Definitionen hinaus. Aus der Demut heraus können wir viel schaffen und uns in die Lage versetzen, über uns hinauswachsen zu können. Ich plädiere für echten Mut. Machen Sie es sich nicht zu einfach, aber werden Sie auch nicht übermütig. Das ist der entscheidende Unterschied.

Die inzwischen umfangreiche Forschung zur Motivation ist sich darin einig, dass Motivation intrinsisch funktioniert. Sie erwächst aus dem Inneren jedes Menschen und aus der Gemeinschaft von Organisationen heraus. Mut bedingt mehr, als die Augen zu zumachen und etwas zu riskieren, sich ins Neue zu stürzen. Mut braucht offene Augen zur Risikoabwägung und die Demut. Also schauen wir doch lieber genau hin! Wer das nicht lernen mag, begibt sich in die Gefahr, sich inmitten des Motivationsgebrülls von außen zu übermütigen Handlungen anstiften zu lassen. Oder er rutscht in die Abhängigkeit jener, die nach dem Motto »Du kannst alles« leben. Wenn wir übermütig werden, kann der Aufprall auf den Boden der Tatsachen sehr schmerzhaft werden. Ein Scheitern ist dann meist nicht weit entfernt. Und was nun? Echter Mut entsteht nicht auf Knopfdruck und aus einem übersteigerten Glücksgefühl. Mut beginnt mit einer ehrlichen, demütigen Betrachtung unseres Status Quo. Das bedeutet nicht, dass wir uns mit dieser Standortbestimmung abfinden müssen oder sollen. Ganz im Gegenteil. Sie ist der Startpunkt, um sich seiner eigenen individuellen Entwicklung zu stellen. In dem Moment, wo wir verstehen, dass es keinen einfachen und allgemeinen Weg zum Erfolg, keine Garantien zur Erfüllung oder zum Glück gibt und uns niemand von außen ganz nach oben bringt, können wir beginnen, ehrlich an uns und unserem Mut zu arbeiten. Wir sind dann bereit, uns zu zeigen, wie wir sind: verletzlich. Auch das ist Demut. »Am Anfang war der Mut.« Wir beginnen immer bei uns. Auf uns können wir uns verlassen.

Bei uns zu beginnen, heißt auch, den Mut zu haben, wir selbst sein zu dürfen. Veränderung kann also weder von außen passieren, noch dürfen wir sie uns von außen vorgeben lassen, wenn sie wahrhaftig sein soll. Ohne Frage, die Verführung ist groß. Überall sehen wir »erfolgreiche« Menschen und Projekte. Die Social-Media-Welt lädt geradezu ein, verführt zu werden. Es macht jedoch keinen Sinn, das Leben eines anderen Menschen, die Philosophie eines anderen Unternehmens zu leben. Wir müssen aufhören, uns zu vergleichen. Jeder Vergleich führt weg von uns, lenkt uns ab und ist letztlich entmutigend.

Keinen Mut ohne Demut. Aber was macht sie überhaupt aus, die Demut? Und wieso verhilft sie uns zu echtem Mut?

Wie Demut Mut macht

Sei du selbst die Veränderung,
die du dir wünscht von dieser Welt.
(Mahatma Gandhi)

Demut macht Mut zu echtem Mut. Sprachlich geht Demut auf das althochdeutsche »diomuoti« zurück, das bedeutet, »dienstwillig« zu sein. Mit Mut als Wortbestandteil könnte man weiterhin ableiten: Das Dienen braucht Courage und Hingabe. Moderne Führung heute definiert den Begriff »Führung« als ein Dienen und verabschiedet sich damit aus alten Machtstrukturen und einer klassischen Herrschermentalität. Die Führungskraft versteht sich vielmehr als ein Dienstleister. Sie schafft für ihre Mitarbeiter den Rahmen zur Gestaltung und sieht in ihrem Wirken die Erfüllung gemeinsamer Ziele. Damit dient sie auch Prozessen, Aufgaben und Produkten. Gleichzeitig dienen Führungskräfte Ihrem Unternehmen und stellen sich der unternehmerischen Vision und Mission. Wenn Führung also Dienen bedeutet, dann ist die Autorität einer Führungskraft nichts anderes als eine zugestandene, übertragene Macht. Diesem Verständnis nach ist die Macht des Führenden nur eine geliehene, die diesem mit der Führungsrolle oder seiner Managementposition vergeben wurde. Und dennoch verwechselt immer mal wieder ein Manager diese »nur« vergebene Rolle mit seiner Person, wenn er sich selbst erhöht und über andere erhebt. Demut ist eine Haltung, die sowohl Führungskräften, Managern, Politikern, letztlich uns allen vielfach abhandengekommen ist. Noch immer kursiert in Führungskreisen folgendes Selbstverständnis: »Wenn du nicht unfehlbar bist, wenn du nicht gewinnst, dann bist du ein Loser! Schließlich stehen wir in einem Konkurrenzkampf und nicht im Wettbewerb!« Demut wird häufig als eine Art Weichspüler der Macht missverstanden. Führungskräfte, die ihre Rolle verstanden haben, können auf dominante Verhaltensweisen und die Demonstration eines harten Charakters verzichten. In unserer heutigen VUKA-Welt (VUKA = volatil – unsicher – komplex – ambig) ist Demut geradezu eine Bedingung für ein wirksames Führen im globalen Wettbewerb geworden. Ein modernes Führungsverständnis definiert Demut als »Mut zum Dienen« und damit Wegweiser für eine gelungene Agilität und Selbstorganisation von Unternehmen. Achten Sie darauf, immer wieder in die Selbstrelativierung und in das Empowerment zu gehen. Stellen Sie sich die Frage, »Habe ich den Mut zum Dienen?« Im Anschluss an meine Vorträge wird diese Frage oft spannend diskutiert. Nicht selten erzählen mir Führungskräfte, dass sie dieses Verständnis von Führung berührt, aber dass die Kultur in ihrem Unternehmen ihnen eine solche Haltung nicht erlaubt. Doch wer sind »die«, die genau diese Kultur ausmachen? Ich bin überzeugt davon, dass Demut die Basis für ein gesundes Wachstum und eine Unternehmenskultur ist, die mutiges Handeln jedes einzelnen Mitarbeiters in seiner Rolle hervorbringt. Insofern sind die Führungskräfte selbst die Stellschraube für einen längst überfälligen und in der Gesellschaft erwünschten nicht nur unternehmerischen, sondern allgemeinen Wandel der Verhaltenskulturen. Kultur ist dabei eine Art der Verabredung: Wie wollen wir miteinander arbeiten? Wie wollen wir miteinander umgehen? Demut zeigt uns die Grenzen unseres Einflussgebietes auf. Unser Menschsein ist begrenzt und endlich. Das hat uns im Jahr 2020 auf drastische Art ein Virus aufgezeigt. Covid-19 hat unsere Welt angehalten. Wir dürfen in Demut erkennen, dass wir diese Welt nicht beherrschen, weil unser Einfluss begrenzt ist. Im Bewusstsein unserer Endlichkeit und Begrenztheit sollte sich jede Form der Selbstüberschätzung, der Wichtigtuerei und erst recht des Größenwahns auflösen. Wolfgang Thierse, Präsident des Deutschen Bundestages a. D. (1998-2005), stellte in diesem Sinne in einem Interview mit dem *Spiegel* die Demut sogar noch vor den Wert der Freiheit:

> *Nach der Wende merkte ich, dass Freiheit für viele im Westen selbstverständlich ist, bis zur Geringschätzung. Westlichen Politikern fehlt unsere Erfahrung, das merkt man manchmal. Ich bin in einem kleinen Ort aufgewachsen, von dem die West-Grenze einen Kilometer entfernt war. Die Unfreiheit war mir ständig gegenwärtig. Das ist eine Erfahrung von Benachteiligung, an der ich laboriert habe. Ich bin aufgewachsen in dem Bewusstsein, dass man als Einzelner an dieser Situation nichts ändern kann. So wurde das Leben eines politisch frei denkenden Menschen in der DDR zur Einstellungsfrage: Ist man bereit, gegen die Resignation anzukämpfen? Aus dieser Erfahrung erwächst eine demütige Haltung gegenüber der Freiheit: Das Bewusstsein von der Pflicht, mit dem eigenen Handeln diesem Geschenk zu dienen, das so kostbar, weil nicht selbstverständlich ist.*[13]

Auch der Sänger Konstantin Wecker, der immer als ein Rebell galt und es sicher auch heute noch ist, räumt der Demut einen hohen Stellenwert ein. Im Gefängnis habe er teilweise Momente des Glücks empfunden, die er im Leben nie hatte: »Ich bin schon der Meinung, dass man gerade als Rebell wissen sollte, dass in vielen Bereichen des Lebens Demut angebracht ist. Man kann gegenüber dem Leben demütig sein, dass kann anspornen, gerechter zu

---

13 Wolfgang Thierse im Interview, *Spiegel Online, Panorama*, 04.05.2012, https://www.spiegel.de/panorama/wolfgang-thierse-zum-thema-demut-a-829463.html, Stand 06.10.2020.

werden.«[14] Neben ausgewählten Politikern und Künstlern wie diesen, die sich mit der Demut beschäftigt haben, können wir besonders auf spirituelle und religiöse Quellen zurückgreifen wie etwa auf die Worte des buddhistischen Mönchs Matthieu Ricard: »Demut besteht nicht darin, sich geringer als die anderen zu fühlen, sondern sich von der Anmaßung der eigenen Wichtigkeit zu befreien.«

Fazit Nr. 1: Wir sind endlich. Nimm dich nicht so wichtig.

Wenn wir uns doch einmal verirren, dann wäre es klug sich die Frage zu stellen: Was werde ich in 10 Jahren, oder vielleicht sogar am Ende meines Lebens darüber denken? Oder ich frage mich: Welche Auswirkungen hat es für das Leben aller anderen, für die zukünftig lebenden Menschen? Dann wird schnell klar, dass etwas mehr Bescheidenheit für uns alle der richtige Weg ist. Natürlich ist jeder Mensch einzigartig, doch die Welt dreht sich nicht um mich, um dich, nicht um uns allein. Sie ist noch reicher, vielfältiger, größer.

Wenn wir unserer Begrenztheit mit Akzeptanz begegnen, kann das beruhigend auf uns wirken. In dem Moment, wo uns klar wird, dass es unmöglich ist, nicht zu verfehlen, sind wir frei. Ja, ich mache Fehler und du machst Fehler. Das ist normal. Das gehört zum Leben dazu. Diese Einstellung sollte Grundlage für unser Fehlerverständnis, für eine menschliche Fehlerkultur in Organisationen und im gesellschaftlichen Leben sein. Verfehlungen, das Scheitern oder das Versagen sind Erfahrungen, die aus temporären und subjektiven Bewertungen hervorgegangen sind. Es handelt sich um natürliche Entwicklungsschritte auf unserem Weg in eine erfolgreiche und glückliche Zukunft.

---

14 Konstantin Wecker im Interview, *Spiegel Online*, Panorama, 06.05.2012, https://www.spiegel.de/panorama/musiker-konstantin-wecker-zum-thema-demut-a-829464.html, Stand:06.10.2020.

Fazit Nr.2: Wir sind begrenzt, wie alles im Leben. Fehler sind Erfahrungen.

Glauben Sie immer noch, dass Demut eine unmoderne Tugend ist? Demut ist die Grundlage für ein mutiges, entspanntes und kreativitätsförderndes Miteinander. In einer Gesellschaft, in der Teamwork immer mehr Bedeutung erhält, brauchen wir diese Eigenschaft mehr denn je. Wir brauchen ein noch viel stärkeres Miteinander. Nur in der Gemeinschaft können wir Neues erschaffen und den *Change* in ein neues Zeitalter gestalten. Geben wir unsere Ellenbogenmentalität zugunsten eines größeren und sozialeren Erfolgs endlich auf. Auch das ist eine Form von Demut, sich den eigenen Erfolg vor Augen zu halten, aber das eigene Wirken nicht zu überschätzen und stattdessen den Wert des Wir zu achten und anzuerkennen. Egozentrische Menschen sind nur vom eigenen Erfolg angetrieben, sie leben in einem unangemessenen Konkurrenzverhältnis, statt einen fairen Wettbewerb zu betreiben.

Fazit Nr.3: In Demut leben heißt ein WIR zu kultivieren.

Demut üben, eine Frage der Haltung

Demut zu üben, ist in agilen Zeiten wie den unseren eine dringende Notwendigkeit. Demut kommt einer tiefen Einsicht in die Fehlbarkeit der eigenen Person gleich. Diese Fehlbarkeit anzunehmen und mit einer Dankbarkeit für das, was uns gelingt, zu paaren, schafft die Grundlage für ein mutiges Handeln. Sich selbst dieser Aufgabe zu stellen, heißt der Demut ein Stück näher zu kommen:

1. Sein Ego relativieren
2. Fehler und Verirrungen als menschlich akzeptieren
3. Sich selbst annehmen
4. Führung als Bereitschaft zum Dienen betrachten
5. Sich nicht so wichtig nehmen
6. Mitarbeiter fördern und miteinbeziehen

7. Gemeinsam im Team, in Netzwerken gestalten
8. Erkennen, dass Erfolg nicht selbstverständlich ist

In meinem Beratungsalltag stelle ich Führungskräften und Managern gern zwei Fragen:

- Bin ich selbstsicher genug, um bescheiden zu sein?
- Habe ich den Mut zum Dienen?

Stopp! Lesen Sie bitte nicht einfach weiter. Es lohnt sich darüber nachzudenken!

> **Kompakt – Die Mutquelle *Demut***
>
> Demut macht Mut zu echtem Mut, weil Demut
>
> 1. unsere Endlichkeit aufzeigt,
>
> 2. uns an unsere Begrenztheit erinnert
>
> und sie uns mahnt
>
> 3. Verletzlichkeit zuzulassen.
>
> Damit hilft sie, uns auf das Wesentliche zu besinnen und uns auf den Weg zu einem echten authentischen Leben zu machen. Sich verletzlich zu zeigen, bedeutet, die eigenen Grenzen mutig anzuerkennen und sich authentisch zu zeigen. Dann begreifen wir,
>
> 4. dass wir viel mehr sind als unsere Fehler. Demut zeigt uns, dass das Leben voller Entwicklungschancen und Lernaufgaben steckt. Sie führt uns in die Akzeptanz von uns selbst, von anderen und von unveränderbaren Zuständen.

> Ein demütiger Blick auf die Welt bewahrt uns vor der Überhöhung gegenüber anderen Menschen, der Natur und dem Leben. Sehen wir Demut als einen wichtigen Teil eines echten Mutes an und kultivieren wir diese vielfach verstaubt wahrgenommene Tugend wieder in unserer neuen Welt. Kein Mut ohne Demut.

Mutquelle Nr. 4: Verantwortung – Ich will und ich werde

Wo es Verantwortung gibt,
da gibt es keine Schuld.
(Albert Camus)

Kein Mut ohne Verantwortung. Mut fordert Verantwortungsgefühl von uns. Hand aufs Herz, wann ist es Ihnen das letzte Mal passiert, dass Sie sich unbewusst in einer Opferrolle versteckt haben?

»Ich kann da leider gar nichts machen!«
»Wenn..., dann... «
»Die da oben entscheiden ja eh anders.«
»Mich fragt doch keiner.«
»Wenn ich gewusst hätte... «

Wenn wir so etwas hören oder selbst formulieren, sollten bei Ihnen die Alarmglocken angehen. Denn Vorsicht: Hier wird Verantwortung weggeschoben. Ganz gleich, ob dies absichtlich passiert, aus Bequemlichkeit oder unbewusst, diese Aussagen zeigen einen mutlosen Zustand. Der amerikanische Psychologe Martin E. Seligmann (Begründer der Positiven Psychologie) hat dieses Verhalten mit dem Konzept der »erlernten Hilflosigkeit« erklärt. Es beschreibt Menschen, die der festen Überzeugung sind, ihr Leben oder eine Sache nicht zum Guten wenden zu können. Ein wesentliches Kennzeichen ist, dass diese Menschen in einer Opferrolle verharren. Die schlimmsten Ausprägungen dieses Verhaltens zeigen Menschen, die von Depressionen betroffen sind. Diese Menschen haben diese Form der Hilflosigkeit erlernt und ergeben sich ihrem Schicksal. Sie erfahren dabei einen Kontrollverlust. Dass es Wege, Möglichkeiten und Mittel gibt, dem Leiden zu entkommen, Lösungen zu kreieren und selbstwirksam zu sein, ist für sie nicht vorstellbar. Man muss nicht unbedingt an Depressionen leiden, um mutlos in »erlernter Hilflosigkeit« zu verharren. Wie oft geraten wir unbewusst in eine Rolle der Ohnmacht und versperren uns damit den Weg zu einer Lösung? Was hat das alles mit uns zu tun? Ich höre Führungskräfte und Manager in meinen Gesprächen oft jammern und schimpfen, dass in »diesem Laden alles drunter und drüber geht«, »nur Schwachköpfe entscheiden« würden und »keiner blickt durch.« Menschen mit hoher Verantwortung sind oftmals mutlos angesichts der gesellschaftspolitischen Entwicklungen: »Die da oben kriegen nichts hin.« Jammern, Schimpfen oder Hoffen fördern nicht den Mut zu mehr Veränderung. Wer sich in eine stark ausgeprägte Opferhaltung verirrt, neigt tatsächlich eher dazu, sich mit politischen Strömungen verbunden zu fühlen, die sich vor allem durch ihre Protesthaltung definieren. Es ist nicht schwer zu durchschauen, dass es sich dabei um ein Geschäft mit der Hilflosigkeit handelt.

Es stimmt, wir wollen alle einmal kurz in den Arm genommen werden und uns mit einer kleinen Jammerei erleichtern. Auch eine Überforderung in stressigen Zeiten kann eine Jammer-Attacke auslösen. Doch wenn wir eine Opferhaltung auf Dauer einnehmen, ist dies ein eindeutiges Zeichen dafür, dass sich jemand konsequent seiner Verantwortung entzieht. Wer sich zum »Daueropfer« macht, geht nicht nur aus seiner Eigenverantwortung heraus, sondern entlastet sich gleichzeitig oft mit Schuldzuweisungen gegenüber anderen. Ein solches Handlungsmuster ist sehr gefährlich, wenn es von Menschen in besonders verantwortungsvollen Positionen angewendet wird. Jan, den ich im ersten Jahr seiner Gründung einer eigenen Marketingagentur betreute, erzählte mir damals augenzwinkernd, dass an seiner Gründung sein Chef schuld sei. Er liebte die Aufgaben in seinem alten Job, das Team und er konnte sich kreativ innerhalb seiner Projekte verwirklichen.

Dennoch fühlte er sich die letzten Jahre nicht mehr wohl. Von morgens bis abends schimpfte sein Chef über irgendwelche Umstände von ungerechten Steuergesetzlichkeiten, über den lästigen Datenschutz, unangenehme Kunden, bis hin zu viel zu kurzfristigen Deadlines. Es gab immer etwas zu meckern und es war auch immer jemand schuld.«Ich konnte es nicht mehr aushalten und als das Fass voll war, habe ich mich getraut meinen Traum zu verwirklichen.« Den Traum einer eigenen Agentur hatte er schon drei Jahre lang, doch es fehlte ihm der Mut. Jetzt war klar: Ich möchte eigenverantwortlich arbeiten. Sein Verantwortungsbewusstsein kristallisierte sich gleich zu Beginn unserer Zusammenarbeit heraus. Es sind unsere tragenden Werte, die uns in die Verantwortung und in unser Tun bringen. Meckern und Jammern werden, auch in leichten Formen, in unserer gesellschaftlichen Umgangskultur viel zu leichtfertig akzeptiert. Problematisch ist, dass jeder, der sich darin verliert, seine Verantwortung zum Handeln abgibt und zu einem »Unterlasser« wird, der allein auf die Verantwortung der anderen setzt. Schade, um all die verpassten Chancen und vielleicht sogar ein verpasstes Leben. Ohne Eigenverantwortung kann sich uns die Frage *What If?* nicht stellen.

Verantwortung tragen – Ja, ich will

Freiheit bedeutet Verantwortlichkeit.
Das ist der Grund, weshalb die meisten
Menschen sich vor ihr fürchten.
(George Bernhard Shaw)

Die Übernahme von Verantwortung erscheint dem einen oder anderen zu schwer und er möchte sie lieber nicht tragen. Nach einer Studie der Bouston Consulting Group (BCG) sind nur 7 % aller deutschen Arbeitnehmer bereit, innerhalb der nächsten 5-10 Jahre eine Führungsposition zu übernehmen. Die Studie befragte ca. 5000 Menschen aus Deutschland, China, Frankreich, Großbritannien und den USA zu ihren Karriereplänen.[15] Das Ergebnis ist mager, Verantwortung zu übernehmen scheint in diesen Zeiten eine unbeliebte Aufgabe zu sein. Viele Unternehmen klagen, wie schwer es sei, Führungskräfte zu gewinnen. Es gab Zeiten, da rissen sich Arbeitnehmer um Führungspositionen. Heutzutage werden Veranstaltungsreihen mit Titeln wie »Lust auf Führung« benötigt, in denen Mitarbeiter gewonnen werden sollen. Dabei kann der Umstand, Verantwortung übertragen zu bekommen, uns sogar ehren! Denn offenbar glaubt jemand an unsere Kompetenz. Er setzt Vertrauen in uns. Ist das nicht großartig?

Andererseits kann die Übertragung von Verantwortung auch als eine Last empfunden werden, wenn wir die erteilte Verantwortung nicht tragen können oder nicht tragen wollen. Manchmal wird Verantwortung auch einfach abgeschoben und damit verdeckt einem anderen zugemutet. Hier stellt sich die Frage: Entziehe ich mich der Verantwortung? Dann gibt es Situationen, in denen Menschen nicht selbst in der Lage sind, verantwortlich zu handeln und darauf angewiesen sind, dass wir die Verantwortung für sie übernehmen. Unsere Kinder, älter werdende Menschen oder auch Mitarbeiter, die neue Aufgaben übernehmen, brauchen Menschen, die in die Verantwortung gehen. Es geht folglich nicht nur um die Verantwortung für uns selbst oder unseren Arbeitsbereich, sondern auch um Verantwortung im sozialen und gesellschaftlichen Leben: Wo und wie kann ich mich verantwortlich zeigen und engagieren? Das kann in Vereinen, Hilfswerken oder auch in politischen Organisationen sein. Wer Gesellschaft und das soziale Leben verantwortungsvoll und mutig mitgestaltet, wird mit dem Gefühl der Zugehörigkeit und dem Erkennen eines höheren Sinns (dem *Wozu*) belohnt. Den Menschen, die sich diesen Verantwortlichkeiten selbstlos stellen, sollten wir viel öfter unseren Dank aussprechen. Dennoch müssen wir zunächst in die Eigenverantwortung gehen, denn dort startet sie, die Verantwortung, die wir dann auch für andere übernehmen können.

---

15 Quelle: dpa, Studie: Mitarbeiter haben keine Lust auf Führungsposition, in: *Zeit Online*, 21.09.2019.

Eigenverantwortung – Ich werde

*Wir alle haben zwei Leben.
Das Zweite beginnt, wenn wir
realisieren, dass wir nur eins haben.
(Unbekannt)*

»Who drives the Bus?«, frage ich gern in meinen Beratungen, wenn ich auf das Thema der Eigenverantwortung zu sprechen kommen möchte. Sie sind zu 100% für Ihr Leben verantwortlich, denn Sie fahren den Bus! Die Verantwortung für uns und unser Leben können wir nicht abgeben.

Die Erkenntnis, dass wir unser Leben zu jeder Zeit selbst ändern können, ist wohl die großartigste überhaupt. Wie befreiend ist es, zu verstehen, dass wir unser Leben selbst in der Hand haben? Wir sind nicht Opfer von irgendwem oder irgendwelchen Umständen. Es ist zu jeder Zeit möglich, unseren Status Quo zu überprüfen und eine neue Entscheidung zu treffen. Das ist wirkliche Freiheit. Manchen Menschen macht diese Erkenntnis dennoch Angst, denn mit ihr gibt es ab sofort keine Ausreden mehr. Wir haben immer die Freiheit zu entscheiden, ob wir handeln oder nicht handeln. Beides hat seine Konsequenzen. Worum es im Kern geht, ist nicht, ob unsere Entscheidungen richtig oder falsch sind, sondern dass sie »selbst-bestimmt« sind. Wir können uns entscheiden, ob wir weiter unter bestimmten Umständen leiden möchten (zum Beispiel unter unserem Job, der uns stresst und uns nicht erfüllt, oder in einer Beziehung verharren, die uns nicht guttut) oder ob wir ein Wagnis ins Unbekannte eingehen, eine Veränderung einleiten und Verantwortung übernehmen wollen. *Change.* Sie sind für Ihr Leben voll verantwortlich. Dieser Punkt löst in meinen Beratungsgesprächen und Trainings Widerstand bei den Teilnehmern aus: »Was kann ich dafür, dass mein Arbeitgeber sich entschieden hat, das Projekt in diese Richtung zu lenken und meinen Vorschlag nicht realisiert hat?« oder »Ich habe gleich gesagt, dass diese Fusion nicht gutgeht.« Es kann tatsächlich sein, dass Sie nichts dafürkönnen, wenn Sie eine gute Entscheidungsvorlage präsentiert haben und sich das Vertrauen durch Ihre bisherige Arbeit erworben haben. Und dennoch sind Sie nicht nur in der Mitverantwortung, sondern auch in der Eigenverantwortung. Immer. Es geht nicht darum, ob Sie etwas dafürkönnen und ob und wer die Schuld trägt. Sie entscheiden, wie Sie mit der Situation umgehen. Können Sie die Entscheidung Ihres Vorgesetzten akzeptieren und Ihr ganzes Engagement in die Ihnen übertragene Aufgabe im neuen Projekt oder in der neuen unternehmerischen Situation einbringen? Oder macht es Sinn, sich um einen neuen Aufgabenbereich im Unternehmen zu bemühen oder gar das Unternehmen zu verlassen? Sie haben immer mehrere Handlungsoptionen. Sie entscheiden! Sie entscheiden selbst dann, wenn Sie »alles beim Alten« lassen. Seien Sie sich bewusst, alles hat seinen Preis. Es liegt in Ihrer Verantwortung, wie es Ihnen geht. Genau das ist der Preis und die Schönheit der Freiheit zugleich. Karl Lagerfeld hat es auf eine charmante Art und Weise auf den Punkt gebracht: »Nein ich bin kein Opfer. Ich bin nur Opfer von mir selbst.«

Eigenverantwortung, was können wir tun:

1. **Raus aus der Opferrolle**
Schluss mit der Jammerei und mit pauschalen Schuldzuweisungen: Der erste wichtige Schritt, um Eigenverantwortung zu lernen, ist seine Haltung zu ändern.

Wenn Sie sich ständig als Opfer der Umstände sehen und die Schuld immer woanders, nur nicht bei sich selbst suchen, wird es Ihnen nicht gelingen, mehr Verantwortung für sich selbst zu übernehmen. Hören Sie damit auf, für alles einen Sündenbock zu suchen. Entkleiden Sie sich Ihrer Opferrolle. Lernen Sie zu akzeptieren, dass nur Sie es in der Hand haben! Niemand außer Ihnen selbst ist dafür verantwortlich, dass Sie in Ihrem Leben und Ihrem Beruf glücklich, zufrieden und erfolgreich sind.

2. Stehen Sie zu Ihren Fehlern

Eigenverantwortlich zu handeln, bedeutet, sich seine Fehler ehrlich einzugestehen. Kein Mensch ist perfekt. Fehler dürfen und sie müssen sogar gemacht werden. In ihnen liegt aller Fortschritt, jede Innovation, das Neue und die Chance zur Weiterentwicklung verborgen. Selbstverständlich ist es klug, einen Fehler kein zweites Mal zu machen. Fehler, aus denen nicht gelernt wird, sind umsonst. Aber auch dies kann passieren. Manchmal brauchen wir einfach eine Lehreinheit mehr.

3. Treffen Sie eigene Entscheidungen

Wie oft lassen Sie sich bei Entscheidungen von anderen Menschen beeinflussen? Und anschließend ärgern Sie sich darüber? Wie oft richten Sie sich danach, was Ihr Umfeld von Ihnen denken könnte? Wie oft wollen Sie nur die Erwartungen anderer erfüllen und entscheiden sich für eine ohnmächtige Anpassung? Folgen Sie Ihren eigenen Werten und Motiven.

4. Kommunizieren Sie Ihre Ziele laut und klar

Sprechen Sie mit Ihrer Familie, mit Freunden und Bekannten und mit Ihren Arbeitskollegen über Ihre Ziele. In dem Moment, in dem Sie offen darüber reden und Ihr Umfeld miteinbeziehen, übernehmen Sie die Verantwortung dafür, dass sich etwas ändern wird. Wenn Sie stattdessen nur alleine und still vor sich herdenken »Ich würde so gern...«, »Ich sollte doch endlich...« oder »Ich müsste endlich...« wird sich nichts ändern.

5. Achten Sie auf die Art wie Sie sprechen

Gehören Sie zu den Konjunktiv-Junkies? Sagen Sie lieber deutlich und im Indikativ, was Sie wollen. Machen Sie aus einem »man« ein selbstbestimmtes »Ich« und lassen Sie »müsste«, »sollte« und »eigentlich« einfach weg. Es ist eine Frage des Bewusstseins und der Übung, diese Veränderung im sprachlichen *Change* zu vollziehen. Veränderung beginnt im Kopf, wird über die Sprache transportiert und in unserem Handeln sichtbar. Wie Sie etwas formulieren, zeigt sehr deutlich, ob Sie wirklich bereit sind, mutig die Verantwortung für Ihr Leben zu übernehmen.

6. Erkunden Sie Ihr Wofür?
Mit einem klaren *Wofür* schaffen Sie die Anbindung Ihrer Verantwortung an etwas Größeres, Übergeordnetes, was Ihnen oder Ihrem Unternehmen Zukunft gibt.

Gehen Sie eigenverantwortlich durch Ihr Leben! *Who drives the Bus?*

Selbstverantwortung: Ein Ja zum Nein
Nein. Das ist tatsächlich ein vollständiger Satz. Er bedarf weder einer Erklärung noch einer Rechtfertigung. Wenn wir Nein sagen, setzen wir eine Grenze, die von unserem Gegenüber akzeptiert werden muss und mit der wir uns um uns selbst kümmern. Wir gehen in die Eigenverantwortung. Kennen Sie das: Sie meinen Nein und hören sich selbst Ja sagen? Im Büro kommt Ihr Kollege mit einem freundlichen Blick auf Sie zu und sagt: »Ich habe hier noch etwas ganz Wichtiges. Können Sie das mal bitte ganz flott erledigen …?« Bevor Sie sich besinnen, hat er den Raum auch schon wieder verlassen und Sie haben ihm ein stillschweigendes Ja gegeben. Vielleicht kennen Sie auch folgende Situation: Ihr Freund oder Ihre Freundin ruft Sie an und ohne zu fragen, ob es gerade passt, gießt er oder sie seinen bzw. ihren ganzen Frust über das letzte Teammeeting eine Stunde lang über Sie aus. Sie hören empathisch zu, merken aber, dass Sie eigentlich gar nicht für dieses Gespräch bereit sind, weil Sie selbst von einem anstrengenden Arbeitstag ziemlich erschöpft sind. Es gibt viele ähnliche Beispiele, in denen wir entweder wie automatisch Ja sagen und dabei denken: Was habe ich da gerade gesagt? Oder wir trauen uns nicht, ein Nein auszusprechen, weil der Kollege schon oft für uns da war, als wir ihn brauchten.

Warum fühlt sich die Freiheit zu wählen für viele Menschen nicht gut an? Warum verstecken wir uns gern wie ein Kleinkind hinter unserem Schweigen? Zum Beispiel dann, wenn wir uns

Dinge bis ins Detail vorschreiben lassen und die Verantwortung von uns schieben. Wo bleibt die nötige Entschiedenheit? Nein zu sagen, ist weder böse noch egoistisch. Es kommt grundsätzlich darauf an, welche Haltung mit dem Nein verbunden ist und wie wir unsere Absage kommunizieren. Ein deutlich formuliertes Nein zeigt, dass ich zu mir stehe und eine Entscheidung getroffen habe. Auch für unser Gegenüber kann ein ehrliches Nein besser sein als ein halbherziges oder gar unehrliches Ja. Oft entsteht letzteres aus falscher Verbundenheit, dem Gefühl dem anderen etwas schuldig zu sein oder wir begegnen uns mit zu wenig Selbstachtung. Niemand möchte, dass jemand eine Bitte erfüllt, obwohl er innerlich nicht bereit dazu ist. Es ist absolut akzeptabel, etwas ehrlich abzulehnen. In solchen Situationen zeigen wir unseren Alltagsmut. Wir haben immer genau so viel Freiheit, wie wir uns selbst »zu-trauen«, wieviel wir uns erkämpfen. Wenn wir in einer guten Beziehung stehen, wird ein begründetes Nein nicht schädlich sein. Wichtig ist, dass wir aus einer inneren Klarheit heraus sprechen und uns bewusst entschieden haben. Gut ist es, wenn wir unsere eigenen Gefühle dabei in eben solcher Klarheit kommunizieren. Sage Ja zum Nein, denn es ist der Kern eines selbstbestimmten Lebens. Selbstbestimmt leben heißt, eigenständige Entscheidungen zu treffen, und genau diese verlangen immer wieder ein entschiedenes Nein. Also hüten Sie sich vor gesellschaftlichen Glaubenssätzen und einem Denken im Sinne des Mainstreams: »Das gehört sich nicht.« Doch. Ein Nein ist sogar ein Muss in Sachen Eigenverantwortung. Seien Sie mutig. Tanzen Sie aus der Reihe!

Selbstverantwortung: Vorsicht Selbstsabotage

Lebe lieber unbequem.
(Pipi Langstrumpf)

Zwischen Wollen und Können liegt bekanntlich ein feiner Unterschied. Was aber, wenn wir unser Vorankommen unbewusst aushebeln? Eigenverantwortlich zu handeln bedeutet, sich selbst infrage zu stellen, sich selbst Antworten zu geben und sich unabhängig von anderen zu machen. Wenn wir unser Leben in die Hand nehmen, ist fast alles möglich. Fast. Denn selbst dann, wenn Situationen nicht änderbar sind, haben wir die Wahl, nämlich die, in eine Haltung der Akzeptanz zu gehen oder zu jammern und zu klagen. Der Selbstsabotage, die wir viel öfter betreiben als es uns bewusst ist, auf den Zahn fühlen, ist unbequem, führt aber in ein selbstbestimmtes und verantwortungsbewusstes Handeln. Die Selbstsabotage kann sich still und leise, ganz subtil als lebensbehindernde Gewohnheit in unser Leben schleichen. Wer sich selbst sabotiert, leugnet seine eigenen Bedürfnisse, zum Beispiel, wenn wir sagen »das ist mir egal« oder »das interessiert mich nicht«. Hinter allen Facetten von Selbstsabotage steht ein Muster, nämlich der Schutz vor Enttäuschung, verknüpft mit dem scheinbaren Gewinn, nicht an sich arbeiten zu müssen. Auf dem Grund der Täuschung finden wir aber das Bedürfnis etwas zu wollen und gleichzeitig Angst zu verspüren, es nicht zu bekommen. Was für ein Drama! Wie läuft die Sabotage unserer Bedürfnisse nun ab?

Es gibt verschiedene Varianten sabotierenden Verhaltens:

1. Zaudern und aufschieben
Ein kontinuierliches Zaudern und Aufschieben sowie eine Sache immer wieder nur zaghaft in Gang zu bringen nennt man Prokrastination. Sie kennen dieses Phänomen schon aus Teil A, Kapitel »Im Land der Angsthasen: Wenn sich keiner mehr traut«. Prokrastination ist eine sehr wirksame Form der Selbstsabotage, die einen hohen Leidensdruck erzeugt. Sie ist eine zerstörerische Gewohnheit. Mit dem permanenten Aufschieben erschaffen wir uns die Illusion, über den Dingen zu stehen. Es handelt sich dabei um einen Abwehrmechanismus, der uns vor dem Gefühl der Inkompetenz bewahren soll.

2. Inkonsequenz

Kennen Sie Menschen, die strebsam auf ein Ziel hinarbeiten, aber bei den kleinsten Schwierigkeiten oder Widerständen sofort die Flinte ins Korn werfen und aufgeben? Ihr Scheitern ist damit zwar garantiert, aber es verbindet sich nicht automatisch mit der Erkenntnis, dass die eigene fehlende Kompetenz dazu geführt hat. Es lässt sich nicht beurteilen, ob die Sache erfolgreich ausgegangen wäre oder nicht, wenn sie am Ball geblieben wären. Damit schützen diese Menschen ihr Ego vor der Einsicht einer möglichen Verfehlung. Schade eigentlich, denn ob das Ziel nun erreicht worden wäre oder nicht, die Person wäre in den Genuss einer Chance gekommen, daran zu wachsen. Genau dieses Wachsen macht unser Leben aus.

3. Die Ausrede

Es ist sehr mühsam, Menschen zu begegnen, die andauernd einen Grund finden, warum sie dies oder jenes nicht erfolgreich erledigen konnten. Menschen dieses Typs können eindringlich und plausibel erklären, warum sie keine Entscheidung getroffen haben. Sie vermeiden oder verweigern damit, eine Stellung zum Sachverhalt zu beziehen. Leider hindert dieses Veralten diese Menschen daran, Kontrolle über ihr Leben zu übernehmen. Sie werden vielmehr zum Zuschauer ihres eigenen Lebens. Dabei wäre es doch viel sinnvoller gewesen, auf der Bühne des Lebens zu stehen und zu gestalten.

Es gibt sicher noch die eine oder andere Möglichkeit, sich erfolgreich zu sabotieren und damit seinen eigenen Erfolg zu verhindern. Grundsätzlich arbeitet Selbstsabotage immer mit den Mechanismen, etwas a) zu verschieben, b) zu vermeiden oder c) mit etwas anderem zu konfrontieren. Wenn Sie eine dieser Negativ-Strategien bei sich entdecken, sollten Sie zügig und entschieden handeln. Wenn Sie diesen Schritt nicht allein bewältigen, können Sie sich einen Coach oder einen Therapeuten als Sparringspartner an Ihre Seite stellen. Das eigene Wachstum zu vermeiden, bedeutet immerhin, dass Sie Ihre eigene Persönlichkeitsentwicklung unterbinden. Die Überzeugung, mit der viele Menschen ihre Selbstsabotage rechtfertigen, ist: »Ich kann nichts ausrichten!« Diese Ohnmacht basiert auf einem Trugschluss. Eine Fähigkeit oder Kompetenz (noch) nicht zu besitzen, heißt nicht, unfähig zu sein, die Aufgabe auf eine andere Art zu lösen oder sich die nötigen Fähigkeiten zur Lösung des Sachverhalts anzueignen. Wer von sich glaubt, unfähig zu sein, der schwächt mit dieser Vermeidung jedes Mal sein Selbstwertgefühl. Während wir so unser Leben auf unserer persönlichen Timeline nach hinten verschieben, rückt das Ende unseres kostbaren Lebens immer näher. Sie begreifen erst dann, wenn sie die imaginäre Hälfte ihres Lebens überschritten haben oder einen Schicksalsschlag verarbeiten müssen, dass sie sich mit ihrer Selbstsabotage nicht nur um ihren Selbstwert, sondern auch um ihre eigene Lebenszeit bringen. Ich selbst habe das erlebt, als ich kurz nach meinem 50. Geburtstag mit einer Diagnose konfrontiert wurde, die alles hätte verändern können. Ich verstand plötzlich, dass es nicht der Tod selbst ist, sondern vielmehr der Umstand, dass wir das wertvolle Leben, das man uns geschenkt hat, leben, als ob es endlos sei und es am Ende nicht nach unseren Vorstellungen gelebt haben. Ich habe damals begonnen, mir viele neue Fragen zu stellen und etwas genauer hinzuschauen. Warum fühlte ich mich immer zuerst für andere verantwortlich und sorgte erst dann für mich? Wir haben es bereits gelernt: Am Anfang eines für andere verantwortungsbewussten Lebens steht die Eigenverantwortlichkeit.

> **Kompakt – Die Mutquelle *Verantwortung***
>
> Wir können Verantwortung nicht abgeben, denn wir sind zu 100% für unser Handeln oder Nichthandeln im Leben verantwortlich. Eigenverantwortung heißt Gestalter seines Lebens zu sein und aus der Fremdbestimmung herauszutreten. Sie fängt mit einem Ja zu uns selbst an. »Love it, leave it or change it.« Sie haben es in Ihrer Hand.
>
> 1. Verantwortung ist der Schlüssel zu einem selbstbestimmten Leben: Befreien Sie sich von Opferhaltungen und gestalten Sie Ihr Leben.
> 2. Verantwortung orientiert sich an einer starken Motivation (Warum? Wozu?). Die eigenen Werte werden zur Ausrichtung unseres Handelns oder Nichthandelns.
> 3. Verantwortung braucht einen bewussten Umgang mit Fehlern. Lernen Sie, Ihre Fehler zu akzeptieren.
> 4. Verantwortung heißt, mutig und zuversichtlich Entscheidungen zu treffen.
> 5. Verantwortung spiegelt sich in einer bewussten und ehrlichen Kommunikation wider.
> 6. Verantwortung bedingt Selbstfürsorge, Selbstliebe und die Abgrenzung von einer unangemessenen Anpassung (an den Mainstream).
> 7. Verantwortung basiert auf einem klaren Blick in den Spiegel, um Selbsttäuschung und Selbstsabotage zu enttarnen.
> 8. Verantwortung wird durch das Wofür, einen sinnstiftenden Überbau, der zum Motor für unsere Gestaltungskraft wird, getragen.
>
> Reflektieren Sie Ihr Verhalten und Ihre Ziele und übernehmen Sie selbst die Verantwortung für Ihr Leben!

Mutquelle Nr. 5: Vertrauen – Ich kann

> *Vielleicht ist die Fähigkeit Unsicherheit auszuhalten,*
> *die wichtigste Kompetenz der Zukunft.*
> *Vielleicht sollten wir lernen, die Unsicherheit*
> *zu umarmen, statt sie panisch zu meiden.*
> *(Olivia Fox Cabane)*

Es gibt keinen Mut ohne Vertrauen. Machen Sie den ersten Schritt im Vertrauen. Vertrauen ist ein wichtiger Wert, ein Gefühl, mit dem wir uns selbst tragen und unseren Beitrag in der Gesellschaft leisten. Vertrauen ist die Basis unserer Lebensgestaltung und das Fundament eines jeden Miteinanders. Vertrauen baut eine Brücke zwischen Angst und Mut. Es ist die Voraussetzung für ein mutiges Agieren in unsicheren Zeiten. Denn Mut, das haben wir bis hierhin gelernt, bedeutet nicht, keine Angst zu haben. Mut zeigt sich, wenn wir trotz unserer Ängste handeln. Das Vertrauen hilft uns, durch unsere Ängste hindurchzugehen. Es schenkt uns den Mut, etwas zu wagen.

Akt des Vertrauens oder ein leichtsinniger Wahnsinn

In Katalonien werden, einer festlichen Tradition folgend, in den Sommermonaten haushohe Menschenpyramiden, sogenannte »Castells«, errichtet. Die Teilnehmer steigen dabei auf die Schultern ihrer Unterleute bis eine bestimmte Höhe erreicht ist. Was würden Sie sagen? Handelt es sich um einen Akt des Vertrauens oder einfach nur um leichtsinnigen Wahnsinn? Ich habe dieses bemerkenswerte Spektakel das erste Mal in Tarragona gesehen. Es dauert nur ca. 3 Minuten bis so ein gewaltiger Menschenturm aufgebaut ist. Dabei verstehen sich die Teilnehmer wortlos. Jeder der Mitwirkenden kennt seine Rolle bis ins kleinste Detail. Er muss genau wissen, wo, wann und wie er zu stehen hat. Neben dem Vertrauen sind Körperbewusstsein, Konzentration, Verantwortung und auf jeden Fall eine große Leidenschaft für diese außerordentliche Teamleistung erforderlich. Jeder muss sich auf jeden verlassen können, sonst wird es gefährlich und der Turm stürzt ein. Nicht auszudenken … Es ist ein heikles Unterfangen und eine mutige Tat, Teil dieses Turms zu sein. Bei den Pyramidenbauern selbst und auch bei den Zuschauern ist dieses Ereignis daher von großen Emotionen begleitet. Die Tradition reicht über 350 Jahre zurück und alle zwei Jahre wird eine Meisterschaft veranstaltet. Die Teilnehmer berichten: »Die Aktion fordert starkes Teamwork und enge Beziehungen.« »Vertrauen ist das A und O, die Kinder steigen nicht hoch in die Spitze, wenn sie erkennen, dass man selbst unsicher ist.« Das Fallen wird gut geübt, auch wenn diese Pyramiden glücklicherweise nur ganz selten einstürzen. Ich finde die Turmbauer von Katalonien außerordentlich mutig. Die Botschaft dieser lebendigen Metapher: Vertrauen stärkt Mut. Doch nicht nur das: Das Vertrauen des Einzelnen stärkt den Mut einer ganzen Gemeinschaft.

Vertrauen in Unsicherheit
Wie können wir vertrauen, wenn sich rings um uns herum alles in rasender Schnelligkeit verändert, wenn die neue globalisierte und digitalisierte Welt immer komplexer wird?

Wie oft stehen wir am *Gap*, an einer Schwelle, und sind dem Neuen eigentlich schon ganz nah? Kennen Sie diesen Moment? Handeln oder nicht handeln, beides hat seinen Preis. Da ist es, das aufgeschobene Gespräch mit der Mitarbeiterin, das eigentlich schon seit Jahren geplante Sabatical oder das längst fällige Geständnis, dass Sie die Beziehung mit Ihrem Partner, der Ihnen einmal alles bedeutet hat, beenden möchten. In meinen Coachings erlebe ich es fast täglich, für den Schritt in ein unwägbares Gelände fehlt uns meistens der Mut, das Vertrauen in uns und in das gute Gelingen. Um den Graben zu überwinden und den Kontrollverlust zuzulassen, brauchen wir mehr Vertrauen ins Leben, Vertrauen in andere Menschen und zunächst und vor allem in uns selbst.

Die Kompetenz, Zwischenräume und Unsicherheiten auszuhalten, erscheint uns nicht wirklich als eine Kompetenz. Wir unterliegen unserem Bestreben »Augen zu und durch«. Wir möchten unsere Umgebung oder unsere Situation so schnell wie möglich wieder sicher machen. Neben unserem Bestreben nach Sicherheit sind wir aber auch ein Beziehungswesen. Wir haben ein starkes Bedürfnis danach, uns zugehörig und verbunden zu fühlen. Dazu kommt unser Streben nach Sinn und nach Freiheit. Wie können wir all das in eine ausgewogene Balance bringen, um ein erfülltes Leben zu leben? Was ist der Kern des Vertrauens? Der Benediktinerpater Anselm Grün sieht in der Liebe eine tiefe Quelle unseres Vertrauens. Für ihn ist Vertrauen so etwas wie die bedingungslose Liebe zu uns selbst und zu anderen Menschen, zu der Natur und zu der Welt überhaupt. Selbstliebe und damit Selbstvertrauen sind die Basis, um auch anderen Menschen vertrauen zu können. Deshalb beginnt Vertrauen zunächst bei mir selbst. Schritt für Schritt kommen wir über unsere persönliche Entwicklung zu einer Haltung, die Vertrauen begründet. Diese Haltung ermöglicht es uns, Unsicherheitskompetenz zu erlernen. Meine Großmutter, die für fast alles einen Spruch auf Lager hatte, sagte oft: »Am Ende wird alles gut, und wenn es nicht gut ist, dann ist es noch nicht das Ende.« Man kann darüber schmunzeln. Und dennoch: Die Unsicherheitskompetenz meint »Vertrauen pur«.

Ich will, ich kann, ich werde

Der Glaube, dass eine Situation gut ausgeht, und das Vertrauen in die eigenen Kräfte versetzen vermeintlich Berge. Ich erinnere mich an eine Geschichte aus meiner Kindheit. In dieser Geschichte möchte eine kleine Lokomotive einen steilen Berg erklimmen. Leider glaubt niemand an sie. Doch die Lokomotive sagt sich immer wieder: »Ich werde es schaffen! Ich werde es schaffen!« Und siehe da, sie bezwingt den Berg im Glauben an sich selbst. Vertrauen heißt, in dem Wissen gegründet zu sein, auch schwierige Zeiten zu überstehen und dass es weitergeht. Dieses Urvertrauen zeigt sich in einem optimistischen Lebensgefühl. Das Konzept des Urvertrauens entstammt der Theorie des Kinderpsychologen Erik H. Erikson. Danach erlernen wir bereits als Säugling im 1. Lebensjahr, dass wir dem Leben vertrauen können. Das passiert nämlich dann, wenn wir erleben, dass unsere Grundbedürfnisse zuverlässig befriedigt werden. Dazu gehören: Nahrung, körperliche Nähe und Geborgenheit. Was wir dabei lernen ist, dass uns das Leben trägt und wir beschützt sind. Wir sind damit in der Lage, einen Vorschuss an Vertrauen ins Leben zu geben. Es ist die Fähigkeit, in sein Vertrauen selbst zu vertrauen. Das Leben zu kontrollieren, erscheint hingegen wie der kindliche, naive Versuch, den Himmel mit ein paar Holzlatten zu stützen. So beschreibt es die Autorin Natalie Knapp in ihrem Buch *Der unendliche Augenblick*. Kontrolle und übermäßiges Sicherheitsbestreben führen nicht in ein erfülltes Leben. Im Gegenteil, sie verhindern es. Und außerdem, was wäre, wenn unsere Kontrollsysteme versagen? Genau, dann brauchen wir für den Aufbau von etwas Neuem viel Vertrauen. Wir dürfen also hoffen.

Die Hoffnung ist ein Kredit für unsere
Zukunft. Auf gehts: »Ich will, denn
ich kann!« oder nach Peter Kummer:
»Ich will, ich kann, ich werde.«

Das Selbstvertrauen auf den Prüfstand stellen
Es scheint, als ob wir Menschen der hochkomplexen und schnellen Welt immer mehr Kontrolle entgegensetzen. Je stärker uns das Gefühl der Unsicherheit überkommt, umso mehr sind wir versucht, ihr mit Sicherheit zu begegnen. Das Bedürfnis nach mehr Kontrolle können wir im Alltag auf dem Spielplatz beobachten. Dort erleben wir, wie Helikoptermütter oder -väter ihren Kindern kaum noch Raum geben, etwas zu wagen, um über sich hinaus zu wachsen. In der Unternehmenswelt wimmelt es nur so von Kontrollmechanismen. Mit komplexen Controlling-Systemen, die Zahlen (Arbeitszeiten, Erfolgsquoten etc.) dokumentieren und auswerten, versucht man, Sicherheit herzustellen. In meiner Arbeit als Unternehmensberaterin habe ich viele »Helikopterchefs« kennengelernt, die über ausnahmslos alles unterrichtet sein wollten, sich gezwungen sahen, jede Entscheidung zu überprüfen und ihren Mitarbeitern da-

mit jegliches Vertrauen zu entziehen. Misstrauen, Kontrolle und Absicherung schaffen eine negative Energie. Stattdessen Vertrauen zu kultivieren, verlangt mehr Selbstvertrauen von uns.

Es gibt keine Regeln für das Erzeugen von Vertrauen, aber folgende Fragen können helfen, Vertrauen zu entwickeln:

- Bin ich mir meiner selbst bewusst? Vertraue ich mir selbst?
- Spreche ich mit anderen Menschen oder spreche ich über sie?
- Bewahre ich Geheimnisse für mich?
- Vertraue ich zuerst? Gebe ich einen Vertrauensvorschuss?
- Bleibe ich authentisch? Bin ich ich selbst?
- Bin ich mir selbst eine gute Freundin oder ein Freund?
- Stehe ich für mich ein?
- Sorge ich gut für mich?

Selbstliebe ist die Basis für Vertrauen. Ergänzt wird unsere Selbstliebe durch unsere Fähigkeiten, unsere Kompetenzen und Ressourcen, mithilfe derer wir uns selbst vertrauen können. Mit dieser inneren Standfestigkeit können Sie jede Instabilität, jeden Zweifel und jede Unsicherheit meistern. Denn dann glauben Sie an sich und handeln selbstwirksam. Der kanadische Psychologe Albert Bandura nennt diesen Vorgang »Self-Efficacy«. Selbstwirksamkeit ist eine Art geistiger Treibstoff, ein innerer Mutmacher, eine tiefe Zuversicht, ein Vertrauen in uns selbst und unsere eigene Stärke. Die Eigenstärke übersteigt den Glauben und die Hoffnung, denn sie zeigt sich als eine Zuversicht, die die gelungene Handlung antizipiert. Aber wie kommt es dazu? Das Wissen und das Gefühl kompetent zu sein, erzeugt in uns eine »aktive Hoffnung«, die uns Mut macht, zu handeln.

Selbstliebe

Wie würden Sie es finden, wenn Sie Ihr eigener Fan wären? Würden Sie das als egoistisch oder sogar narzisstisch betrachten? Ich kann sie beruhigen. Das ist es nicht. Wahre Selbstliebe hat nämlich nichts mit Narzissmus zu tun. Bei der Selbstliebe geht es darum, die eigenen Bedürfnisse zu fühlen, anzunehmen und zu verfolgen. Selbstliebe ist die Annahme des Gesamtpakets: Ich mag mich mit all meinen Seiten, auch meine Macken und Schwächen. Sie macht uns frei von überhöhten Bedürfnissen der Außenwelt. Die meisten Menschen könnten noch etwas stärker in die Selbstliebe gehen. Sie auch? Für Ihre Selbsterkenntnis sind folgende Fragen dienlich:

- Möchten Sie gern einiges an sich ändern?
- Machen Sie Ihre eigenen Leistungen und Erfolge klein?
- Fokussieren Sie Ihren Blick häufig auf Ihre Fehler?
- Kritisieren Sie sich oft?
- Kennen Sie das Gefühl, die anderen seien erfolgreicher, besser, klüger als Sie?
- Stellen Sie die Bedürfnisse anderer Menschen oft über Ihre eigenen?

Selbstliebe ist ein wesentlicher Schritt, um aus der Fremdbestimmung in die Selbstverantwortung zu gelangen. Denn am Ende des Tages schauen nur Sie in Ihren eigenen Spiegel und nicht der Rest der Welt.

Vertrauen ins Leben
Was wäre, wenn wir mehr Vertrauen in unser Leben hätten und die Unsicherheiten freudig begrüßen könnten, statt alle Energie dafür aufzuwenden, Scheinsicherheiten zu produzieren? Vertrauen in unser Leben lässt uns erst wahrhaftig leben, denn dann öffnen wir unsere Selbstbeschränkung und erweitern unsere Handlungsspielräume. Haben Sie schon einmal von »selbsterfüllenden Prophezeiungen« (»*self-fulfilling prophecy*«) gehört? Die Dinge, die wir erwarten, treten ein. Unsere Erwartungen beeinflussen demnach unser Verhalten. Wir erschaffen unsere Wirklichkeit aktiv. Wenn wir aufhören, zu vertrauen, dann wachsen unsere Zweifel und unsere Ängste. Unsere Vorannahmen können uns also blockieren, wenn sie nicht der Art sind, dass sie jede Menge positive Energie und Motivation erschaffen. Unser Selbstbild ent-

scheidet über unsere Gedanken und Gefühle und damit über unser Verhalten. Welche Perspektiven wir einnehmen, hat Einfluss auf unsere Wahrnehmung, unsere Überzeugungen und unsere Glaubenssätze.

1. Es ist also einerseits von Bedeutung wie bzw. was wir denken (Bewusstheit) und andererseits, wie wir darüber sprechen. Hören Sie sich bewusst beim Denken und Sprechen zu. Wenn Sie zu viel Negatives hören, ist es Zeit für einen Perspektivwechsel.
2. Unsere Bewertungen der Dinge haben rückkoppelnd große Macht auf unser Vertrauen ins Leben. Letztlich ist alles, wie es ist. Ein achtsamer Blick auf das, was ist, hilft uns, entspannter zu sein. Wer sagt uns, das Tränen, Krankheit, Kummer oder der Tod schlecht sind? Wir entscheiden, was wir denken und wir sind nicht unsere Gedanken. Lassen Sie los und fixieren Sie sich nicht auf Erwartungen. Vertrauen lernen bedeutet, zuzulassen und anzunehmen.
3. Wichtig für unsere »Gedankenhygiene« ist es, in Lösungen zu denken, statt Probleme auszuschmücken oder in Opferrollen zu verfallen. Dort wo wir nicht in der Lösungskompetenz sind, hilft Akzeptanz. Es ist wie es ist.

Unser Leben ist kein Schicksal, das uns ereilt. Es ist ein Kunstwerk, das wir mit Gestaltungslust formen. Das Zukünftige ist ein Abenteuer, das uns lockt und einlädt, etwas auszuprobieren. In einem vertrauensvollen Leben finden wir Zuversicht, spielerische Neugier, Respekt, Mitgefühl, Wertschätzung, eine gnädige Fehlerkultur und eine mutige Streitkultur.

Vertrauen schenken

Vertrauen gründet in uns selbst. Nur im Selbstvertrauen kann ich auch anderen Vertrauen schenken und zurückbekommen. Vertrauen ist demnach ein Vorschussgeschäft. Aber wie soll das gehen? Ist das nicht viel zu riskant?

Unser Vertrauen ist auf Erfahrungswerten gegründet. Wenn wir früh gelernt haben, dass wir unsere Erfolge aufgrund unserer Selbstwirksamkeit, also aufgrund unserer Fähigkeiten und unseres eigenen Könnens wiederholen können und andere Menschen – in der Regel – Vertrauen belohnen, dann sind wir eher vertrauensvoll. Vertrauen ist so betrachtet eine erlernte Entscheidung. Wenn wir vertrauen, gehen wir zuversichtlich und willentlich davon aus, dass unsere Erwartungen eintreffen.

Kennen Sie den Pygmalion Effekt?
Ursprünglich bezeichnet er die positive Einschätzung eines Schülers noch bevor er eine Leistung erbracht hat und die darauffolgende positive Erfüllung dieser Erwartung. Die Logik ist nachvollziehbar: Wenn wir einem Menschen ein grundsätzliches Vertrauen entgegenbringen, dann strahlen wir dies auch aus. Das spiegelt sich in positiven Leistungen wider. In dem Moment, in dem der Leistungsdruck und die Skepsis (von uns selbst bzw. von anderen) entfallen, sind Menschen in der Lage, ihre Fähigkeiten voll zu entfalten. Vertrauen zahlt sich folglich nachweisbar aus. Dieser Effekt ist für alle Lebensbereiche anwendbar, so auch in der Führung. Basis ist das bereits 1965 durchgeführte Feldexperiment durch die US-amerikanischen Psychologen Robert Rosenthal und Lenore F. Jacobson.

Vertrauen zu können, hilft unseren Beziehungen, egal welcher Art sie sind. Der Prozess des Vertrauens muss reifen wie ein guter Wein. Wenn Vertrauen gestört bzw. gebrochen wird, dann wird es uns oder dem anderen wieder entzogen. Wir haben es solange, wie wir es nicht aufs Spiel setzen. Und da Vertrauen bekanntlich ein zartes Pflänzchen ist, können wir es schnell verlieren. Deshalb hüten Sie sich davor,

- sich auf Kosten anderer zu profilieren,
- Dinge unter den Teppich zu kehren,
- Unzulänglichkeiten zu verbergen,
- Tatsachen schön zu reden,

- andere verantwortlich zu machen oder zu beschuldigen,
- die Schwächen anderer zu benutzen, um daraus Vorteile zu ziehen.

> **Kompakt – Die Mutquelle *Vertrauen***
>
> Der Glaube, in sich vertrauen zu können, ist der erste Akt bei der Vertrauensbildung. Bevor wir anderen Vertrauen können, bevor wir anderen unser Vertrauen schenken können, steht die Frage »Kann ich mir trauen? Kann ich meiner eigenen Kraft vertrauen?« Vertrauen ist deshalb zunächst eine Investition in uns selbst.
> Vertrauen braucht starke Wurzeln: Ein *Warum* und ein *Wozu*. Die Frage nach unseren Werten und Absichten ist die Basis unserer Motivation. Dank dieser Wurzeln bilden wir eine innere Standfestigkeit aus und stärken den Glauben an unsere Selbstwirksamkeit. Solche mentalen Mutmacher sind der Treibstoff, um Glaube und aktive Hoffnung hervorzubringen. »Ich will, denn ich kann!« Lassen wir also Vertrauen wachsen, das schenkt uns mehr Mut.

Mutquelle Nr. 6: Resilienz – das Stehaufmännchen-Gen

> *Unser größter Ruhm ist nicht, niemals zu fallen, sondern jedes Mal wieder aufzustehen.*
> *(Nelson Mandela)*

Kein Mut ohne Resilienz. Schon wieder so ein Modewort, sagen Sie jetzt vielleicht. Es ist eher anders, Resilienz ist in Mode gekommen, weil sie eine Kompetenz ist, die wir in dieser Welt dringend brauchen. Resiliente Menschen haben nämlich das Stehaufmännchen-Gen, das da lautet: »*Lieber einmal öfter aufstehen als hinfallen.*«

Kennen Sie Stehaufmännchen? Ich hatte als Kind eines. Es war ein Männchen, dessen Körper eine Kugel war. Damit konnte es nicht liegenbleiben, wenn man es anstupste, sondern es kam automatisch immer wieder »auf die Beine« bzw. auf die Kugel, in eine aufrechte Position. Genau das ist Resilienz: eine innere Widerstandskraft. Resilient zu sein, bedeutet, die Fähigkeit zu besitzen, immer wieder aufzustehen und aus Krisen und schweren Situationen gestärkt hervorzugehen. Diese innere Widerstandskraft ist das Wissen und die Überzeugung von der individuellen Selbstwirksamkeit, die jederzeit aktiviert werden kann. Ja, ich kann fallen, ja, ich kann verfehlen, aber das ist nicht das Ende. Ich kann jederzeit einen neuen Versuch wagen oder andere Wege gehen. Resilienz vereint alle unsere Ressourcen, Fähigkeiten, Fertigkeiten und das Wissen, sich zu verirren, zu verfehlen und zu scheitern, sind Teil eines jeden schöpferischen Prozesses.

Oliver Schmidt, Hoteldirektor des The Grand in Ahrenshoop, hat eine bewegte Unternehmergeschichte. Sein erstes Unternehmen gründete er bereits mit knapp 18 Jahren. Selbstverständlich ging nicht alles glatt. »Hoch – gescheitert« könnte man meinen, wenn man die Erfolgsgeschichte des heutigen Multipreneur anschaut. Oliver Schmidt hat mir in seinem Interview verraten, dass er nie Angst hatte, zu scheitern. Erfolg bedeutet für ihn, sich auszuprobieren, zu gestalten und im Auf und Ab weiter zu wachsen. Resilient zu sein, ist folglich eine Haltung dem Leben und der Welt gegenüber. Resilienz bedeutet: Veränderung ist möglich, wenn wir wieder Verantwortung für unser Tun übernehmen. Sie ist eine Art mentales Immunsystem, das uns trägt. So wie Viren und Bakterien von einem gesunden Immunsystem abgewehrt werden, trägt uns Resilienz beim Erleben von Belastungen, Herausforderungen und Krisen. Menschen, die über diese Kompetenz verfügen, sind nicht nur erfolgreicher, sondern auch gesünder und glücklicher. Wer Niederlagen und Krisen mit dem Wissen um seine Gestaltungskraft begegnet, betrachtet das Leben als schöpferischen und wandelbaren Prozess. In Unternehmen ist das nicht viel anders. Resiliente Unternehmen sind bewegliche Unternehmen, die flexibel auf Veränderungen im Außen reagieren. Solche Unternehmen halten nicht an starren Zielvorgaben fest, sondern agieren beweglich, um ihre Vision in die Zukunft zu tragen. Sie vertrauen dabei auf ihre Werte und die Kompetenzen ihrer Mitarbeiter. Resiliente Unternehmen sind auf allen Ebenen in der Lage, agil zu sein. Sie leben ein gesundes Wechselspiel aus Planung und kreativen, eigenverantwortlichen Gestaltungsprozessen.

Das Stehaufmännchen-Gen kann uns auf die Idee bringen, Resilienz würde uns in die Wiege gelegt. Das stimmt leider nur bedingt. Grundsätzlich aber können wir Resilienz lebenslang lernen. Als Kind wird uns dieses Verhalten idealerweise vorgelebt. Die vielen Helikopter-Eltern auf den Spielplätzen und in den Spielzimmern dieser Welt verhindern mit ihrer übertriebenen Sicherheitskontrolle die Entwicklung von Resilienz bei ihren Kindern. Statt mit einem gestürzten Kind gemeinsam um die Wette zu schreien, sollten wir ihm das Gefühl von Sicherheit geben, indem wir überlegen, was passiert ist und in Ruhe Hilfe anbieten. Manchmal genügt schon eine kurze Umarmung und ein liebevolles »Alles ist okay«. Trainieren wir weder unseren Kindern noch unseren Freunden oder Kollegen und Mitarbeitern Hilflosigkeit an. Kinder verfügen im Normalfall über diese Eigenstärke, wenn wir sie nicht daran hindern, eigene Lernerfahrungen zu machen. Wenn ein Kind beim Laufen lernen hinfällt, dann versucht es aus eigener Kraft wieder aufzustehen und den nächsten Schritt zu gehen. Das Lernen von Resilienz setzt voraus:

- Emotionale Bindungen (ein Gefühl von Sicherheit und Zuverlässigkeit)
- Das Wissen, Unterstützung zu erhalten
- Respekt und Wertschätzung für unser Tun zu erfahren
- Die Erfahrung, Schritt für Schritt Stärke zu erlangen

Ich kann mich als Kind tatsächlich an einen Fahrradsturz erinnern, der mir persönlich ziemlich heftig erschien. Mir saß der Schreck im Nacken. Mein Großvater vergewisserte sich damals, ob ich Schaden genommen hatte und da alles okay war, gab er mir einen liebevollen Stupser: »Weiter gehts.« Ich weinte, als ob der Himmel eingestürzt sei und weigerte mich, erneut aufs Rad zu steigen. Mein Großvater blieb hartnäckig: »Du musst jetzt fahren, damit die Angst keine Chance hat sich in deinem Kopf festzusetzen«, sagte er bestimmt und vertrauensvoll zugleich. Ich stieg widerwillig und jammernd auf mein Rad und siehe da, alles war gut. Plötzlich radelte ich fröhlich weiter, als sei nichts geschehen. Es hätte anders kommen können und die Angst vorm Radfahren hätte mich im Griff gehabt. Verstanden habe ich seine Reaktion erst später. Es geht darum, nach einem negativen Ereignis wieder eine positive Erfahrung zu machen. Auf dem Weg zum Stehaufmännchen dienen uns folgende Komponenten, die als die Säulen der Resilienz angesehen werden können:

1. Akzeptanz – Es ist wie es ist. Die Kunst demütig zu sein, anzunehmen und loszulassen.
2. Zuversicht – Aktives Hoffen, das es gut wird. Vertrauen in die eigene Kraft.
3. Selbstwirksamkeit – Der achtsame Blick auf die eigenen Bedürfnisse, Fokussierung und der Mut, neue Entscheidungen zu treffen.
4. Selbstverantwortung – Raus aus der Opferhaltung, eigenverantwortliche Entscheidungen treffen, Fehler einkalkulieren.
5. Beziehungsnetz – Aktive Beziehungspflege (nicht nur in der Not) mit Familie, Freunden, Bekannten und das Netzwerk stetig erweitern.
6. Lösungsorientierung und Chancenblick – Den Perspektivwechsel üben, in Möglichkeiten und Chancen denken lernen.
7. Zukunftsfähigkeit – Neugier kultivieren, das Neue einladen.

Alles in allem können wir unsere Resilienz stärken, indem wir unser Verantwortungsbewusstsein entwickeln. Statt zu jammern, beginnen wir dann, verantwortlich mit unseren Gedanken umzugehen, positive Emotionen zu kreieren und damit unser Denk- und Handlungsspektrum zu erweitern.

> **Kompakt – Die Mutquelle *Resilienz***
>
> Resilient zu sein bedeutet, das Leben als Schöpfungs- und Wandlungsprozess zu erkennen und die Zuversicht in sich zu tragen, dass es immer weitergeht. Resilienz lernen wir bereits in unserer Kindheit durch unsere Vorbilder, unsere Bezugspersonen und natürlich unsere Eltern. Wir können Resilienz aber auch später noch trainieren. Resiliente Unternehmen sind bewegliche Unternehmen. Sie entstehen durch eine Führung, die vertrauensvoll auf die Ressourcen ihrer Mitarbeiter zurückgreift. Unternehmen, die von innerer Widerstandskraft geprägt sind, befördern die Eigenstärke ihrer Mitarbeiter, agieren in agilen Strukturen, leben eine Fehlerkultur und einen kooperativen und situativen Führungsstil. Der Weg zu einer »fehlerfreundlichen« Unternehmenskultur ist dabei wegweisend. Resilienz ist eine Schlüsselkompetenz, um Zukunft mutig zu gestalten. Wer sich ins Unbekannte vorwagen möchte, muss auf seine Eigenstärke zurückgreifen können, auf das Wissen immer wieder aufstehen zu können. Zufriedene Menschen und erfolgreiche Organisationen berufen sich in unwägbaren Zeiten des Wandels auf ihre Resilienz.

Mutquelle Nr. 7: *Joyfear* – Der Mutausbruch

> *Die Begeisterung ruft Fähigkeiten in uns wach,*
> *deren wir uns zuvor nicht bewusst waren.*
> *(Wilhelm Vogel)*

Joyfear? Furcht und Freude in einem Wort? Wie können so gegensätzliche Emotionen zusammenpassen? Sehr gut sogar! Die Begrifflichkeit »*Joyfear*«, die »Furchtfreude«, hat der Psychologe Leo Babauta geprägt. Kein Mut ohne *Joyfear*. Stellen Sie sich vor, Sie möchten etwas wirklich gern tun, zum Beispiel einen Fallschirmsprung, und Sie sind bereits voller Vorfreude. Sie träumen schon lange von dem Gefühl der Freiheit, die Sie empfinden, wenn Sie in der Luft schweben und den Blick auf die Welt genießen. Und dann ist es endlich soweit. Sie befinden sich im Helikopter, Sie haben die passende Flughöhe erreicht und Sie sind selbstverständlich bestens instruiert worden. In dem Moment als sich die Tür öffnet, passiert folgendes: Ihr Herz beginnt plötzlich schneller zu schlagen, Ihnen wird etwas schwindelig und der Magen grummelt wie wild. Während die Angst in Ihnen aufsteigt, denken Sie sich, »Was zum Teufel mache ich da eigentlich?« Zu spät. Im gleichen Moment, inmitten dieser Zweifel, steigt eine überwältigende Freude in Ihnen auf. Sie springen und schon gleiten Sie durch die Luft und Glücksgefühle durchströmen Ihren Körper. Auch nach der Landung schweben Sie noch im größten Glück. Das ist *Joyfear*. »Furchtfreude« lässt uns aus der Begeisterung und unserer Neugier heraus nicht nur einen Fallschirmsprung wagen, sondern auch den Sprung ins Neue und Ungewisse in allen Lebensbereichen. Sie ist eine geballte, positive Energie, die uns unsere Ängste besiegen lässt. Die Vorfreude auf das Tun bzw. das Ereignis ist größer als jede Angst. Sie verhilft uns, das zu tun, was wir wirklich wollen. Und sie ist gleichzeitig ein Indikator dafür, ob wir es tatsächlich wollen. Denn wenn unsere Begeisterung und Neugier nicht ausreichen, um das Wagnis einzugehen, sollten wir uns fragen, ob die Sache es tatsächlich wert ist und wir sie wirklich wollen. *Joyfear* ist die Mutquelle, die zum Schluss, wenn Sie alle anderen 6 Mutquellen bereits im Gepäck haben, den ersten Schritt ermöglicht. Stellen Sie sich vor, Sie könnten all die Wagnisse, die in der Zukunft noch auf Sie warten, mit *Joyfear* angehen?

Die Furchtfreude zeigt, dass unsere Ängste nur Hinweisschilder sind, die uns zu Vorsicht mahnen. Letzter Hinweis vor dem Start: Wollen Sie es wirklich wagen? Sind Sie sich sicher? Sind Sie sich der Risiken bewusst?

Neugier, Angstkiller und Mutmacher

> *Ich habe keine besonderen Talente. Ich bin nur leidenschaftlich neugierig.*
> *(Albert Einstein)*

Sei nicht so neugierig, habe ich als Kind nicht nur einmal gehört. Von wegen. Seien Sie neugierig! Neugier ist wohl die stärkste Antriebskraft des Menschen und sie macht das Leben so wunderschön lebendig. Wer auf die Neugier vertraut, hat nachweislich mehr Lebensfreude. Die Menschen, die für Neues offen sind, gehen mehr Wagnisse ein und entwickeln größeren Mut. Neugierige Menschen setzen ihre Kompetenzen und ihre Intelligenz ein, um das Neue zu gestalten. Sie sind lernbereiter, besonders kreativ – damit innovativ – und letztlich erfolgreicher. Wen wundert es! Die Vermeidung von Unsicherheit und übermäßiges Sicherheitsbestreben sind der klassische Feind jeder Neugier. Sie laden das Festhalten am Alten und damit den Stillstand ein. Die Frage ist also: Kann man Neugier lernen? Und wie geht das? Folgen Sie mir zu einem kleinen Exkurs ins Land der Neugier. Kinder haben sie noch »im Blut« und erobern mit ihr die neue, unbekannte Welt. Wir sind gut beraten, wenn wir uns diese kindliche Neugier erhalten können.

Neugier entspringt einem Komplex von 3 Fragen, dem *Was*, dem *Wie* und dem *Warum*. Sie ist eine starke innere Antriebskraft und damit die beste Basis für die Erschaffung des Neuen. Neugierige Menschen wollen die Dinge verstehen, ihnen auf den Grund gehen. Ohne die Neugier gäbe es keine Entwicklungen in der Forschung und im sozialen und gesellschaftlichen Miteinander. Der Mensch ist grundsätzlich ein neugieriges Wesen. Unseren Interessen widmen wir gern unsere Zeit und unseren Raum. Neugier beflügelt uns schon seit dem Anfang unseres Menschseins. Die Evolution belohnt neugieriges Verhalten. Denn jede stattgefundene Entwicklung ist letztlich auch ein Produkt der Neugier. Unser Gehirn ist auf Neues programmiert. Das ist bei allen Lebewesen so. Doch der erste Impuls, den das Neue bei vielen Menschen oft auslöst, ist Zurückhaltung. »Vorsicht! Gefahr im Verzug?«, fragt unser Gehirn. Und nun? Siegt die Gier nach dem Neuen, Neu-Gier? Oder unterliegen wir unserer Angst und einem überproportionalen Sicherheitsdenken? Sicherheit ist schließlich das A und O des Überlebens. Doch neue Erfahrungen erzeugen Hochstimmung. Neugier ist also ein Gefühl. Antonio R. Damasio, ein portugiesischer Neurowissenschaftler, hat die These aufgestellt, dass es kein Denken ohne ein Fühlen gibt. In seinem Menschenbild verbinden sich 1. kognitives Denken und Wahrnehmung, 2. affektives Verhalten (Fühlen) und 3. Motivation (Wollen). Das durch Neugier ausgelöste Neuronen-Feuer ist dem ähnlich, dass auch Sex oder das Essen von Schokolade auslösen. Bekanntes hingegen erzeugt weniger Aufmerksamkeit. Neugierige Menschen zeigen nachweislich (nachgewiesen in einer Studie mittels MRT von Prof. Colin Camerer am California Institute of Technology) eine erhöhte Aktivität in der linken Nucleus-Caudatus-Region, im präfrontalen Cortex und im parahippocampalen Gyri unseres Gehirns. Der Candalus sitzt an der Kreuzung zwischen neuem Wissen und positiven Emotionen und ist mit dem dopamergen System, also der Erzeugung von Glücksgefühlen, vernetzt. Neugier ist also ein Gefühl und damit ein Motivationssystem. Nach dem Psychologen Todd Kashdan gibt es eine Kausalkette der Neugier:

> ...wenn wir neugierig sind, dann erforschen wir – wenn wir erforschen entdecken wir – macht es Spaß, dann machen wir weiter – weitermachen führt uns zu Kompetenz, Lernen bis zur Meisterschaft – unser Wissen und unsere Kompetenzen wachsen – damit erweitern wir unser Selbst und unser Leben gleichermaßen – mit dem Neuen umgehen, macht erfahrener, intelligenter und erfüllt unser Leben mit Sinn.

Neugier ist die Lust, Neues zu entdecken und die Freude am Lösen von Problemen. Neugierige Menschen empfinden selten Langeweile, verzweifeln fast nie an Problemen und trauen sich, die Dinge zu tun, auf die sie Lust haben. Neugier motiviert uns außerdem, unsere Ängste mutig zu durchschreiten. Deshalb wird Neugier auch als die wichtigste psychologische Stärke betrachtet, um ein erfülltes und zufriedenes Leben zu führen. Sie ist die stärkste Antriebskraft für Veränderungen. Als Teil von *Joyfear* gibt sie uns den Mut, den Sprung ins Neue zu wagen.

Begeisterung – Dünger für unser Gehirn und Motivations-Booster
Begeisterung schafft Motivation. Die Neurobiologie hat herausgefunden, dass wir aktiv werden, also motiviert sind, wenn uns klar ist, warum wir etwas tun. Begeisterung erleben wir dann, wenn wir das tun, was uns von Herzen erfüllt.

Von Begeisterung handelt auch die Geschichte des Philippe Petit, einem ganz besonderen Seiltänzer. Philippe balancierte am 7. August 1974 insgesamt acht Mal in einer Höhe von 417 m über dem Boden auf einem 1 Zoll starken Drahtseil. Er hatte dazu mit einer Armbrust ein 60m-Seil von einem Dach des World Trade Centers zum anderen anbringen lassen und dieses dann mit Hilfsseilen abgesichert. Das gründlich vorbereitete Spiel begann am frühen Morgen um 7 Uhr und dauerte ganze 45 Minuten. Tausende Menschen verfolgten gespannt, wie Petit von einem Zwillingsturm des World Trade Centers zum anderen, ohne Netz und doppelten Boden, spazierte. Direkt nach seinem einmaligen Drahtseilakt wurde der Künstler für seine Aktion von der Polizei festgenommen und später angeklagt. Bemerkenswert war seine Antwort auf die Frage, die ihm ein Polizist direkt nach der Festnahme gestellt haben soll: »Warum tun sie etwas so hochriskantes?« Petit antwortete darauf lächelnd: »Wenn ich drei Apfelsinen sehe, dann muss ich jonglieren und wenn ich zwei Türme sehe, dann muss ich balancieren.«

Begeisterung und wahre Liebe zur Sache lassen uns tatsächlich Berge versetzen und mutig sein.

- Wann ist der Moment, in dem Sie nicht anders können als unbedingt zu handeln?
- Wo finden Sie Ihre Begeisterung?

Die Geschichte des Seiltänzers ist keine Mutprobe, sondern eine Aktion, die mit Risikokompetenz und Übung gemeistert wurde. Diese besondere Aktion brauchte eine akribische Vorbereitung von ganzen sechs Jahren. Petit hatte schon in der Bauphase alle Informationen zu den Türmen gesammelt, die er bekommen konnte und ist Sicherheitssysteme gezielt umgangen. Er trainierte diesen Hochseilakt immer und immer wieder, z. B. auch an den Kirchtürmen von Notre-Dame und der Sydney Harbour Bridge. Seine Anklage wurde fallen gelassen, weil er weltweite Anerkennung für diesen besonderen Akt erhielt und auch bereitwillig den Eigentümern der Gebäude, die ihm in der Vorbereitung geholfen hatten, die erkundeten Sicherheitslücken verriet. »Dann, wenn der Sog der Ideen und die Lust auf Veränderung stark genug sind, kann ich gar nicht anders als beginnen«, beschreibt auch Oliver Schmidt sein Gefühl von Neugier, als ich ihn interviewte. Langeweile und Stillstand sind nichts für den gestandenen Unternehmer. Was er tut, tut er mit Inbrunst und großer Leidenschaft.

Kompakt – Die Mutquelle *Joyfear*

Joyfear ist das Elixier von Mutausbrüchen. Sie vereint Furcht und Freude gleichermaßen und ist eine äußerst mächtige Quelle für den Mut zur Veränderung. Mit ihrer von Neugier und Begeisterung getragenen Kraft löst sie den Sprung ins Wagnis aus.

Neugier ist dabei ein Gefühl und eine starke Motivationsquelle. Sie sorgt dafür, dass wir 1. lösungsorientiert handeln und Freude am Lösen von Problemen haben und 2. ist sie Basis für die Lust am kreativen Gestalten und lässt uns das Neue mutig wagen. Die Neugier in unser Leben und in Ihren unternehmerischen Alltag einzuladen, schafft ein innovatives und damit zukunftsfähiges Umfeld.

Wie die Neugier trägt die Begeisterung die Emotionen der Gestaltungslust in sich. Sie basiert auf unserer inneren Moti-

> vation (Motiven und Werten) und auf der Liebe zur Sache. Sie kreiert den Moment, in dem wir einfach nicht anders können, als das zu tun, was zu tun ist.

Mit der Wirklichkeit jonglieren: Komfortzonen-Stretching
Sieben Mutquellen beschreiben sieben Felder, Mut zu kultivieren. Ich bin davon überzeugt, dass wir unseren Mut nur entdecken können, wenn er mehreren Quellen entspringt. Diese Quellen entdecken wir unser Leben lang, indem wir als Persönlichkeit bewusst reifen und wachsen. Mut ist tatsächlich so etwas wie ein Muskel (Quelle unserer Kraft) und da Muskeln, die wir nicht benutzen, die Eigenschaft haben, zu verkürzen, müssen wir kontinuierlich weitertrainieren. Unseren Mutmuskel trainiert zu halten, ist also ein dauerhafter Prozess. Andererseits kann es uns passieren, dass wir aus dem Gleichgewicht geraten, weil wir eine Quelle überdefinieren und dabei eine andere vernachlässigen. Ausgewogenheit im Blick auf uns und Beharrlichkeit in der Reflexion unseres Handelns werden uns darin unterstützen, den Herausforderungen des Lebens mutig zu begegnen. Wir üben Mut oft in den kleinen Dingen, wenn wir Menschen mit offenem Blick begegnen, Fehler selbst kommunizieren oder wir uns klar in einem Meeting positionieren. Nein, wir werden nicht immer und überall mutig sein. Dazu ist das Leben zu komplex und, Sie erinnern sich, die Demut ist ein wesentlicher Teil des Mutes. Ich lade Sie ein, Ihren Mutmuskel als aktive Lebenskunst zu trainieren. So können Sie als Kapitän auf Ihrem Schiff auf den unsicheren Meeren des Lebens segeln. Ein gut trainierter Muskel wird Ihnen, egal wo Sie in diesem Augenblick stehen, die Kraft geben, damit Sie selbstbestimmt weitersegeln können. Wir dürfen uns sicher sein, wann immer unser eigener Mut (als Privatmensch, im Job oder als Unternehmer) nicht ausreicht, gibt es eine Gemeinschaft von mutigen Menschen, deren Mut uns mitträgt, bis auch wir wieder mutig genug sind. Ein Dank an alle Mutanstifter.

Das Prinzip Mutanstiftung: Encourage

Ermutigung oder auch Encourage steht für Mut und Handlungsfähigkeit. Warum stiften wir andere nicht absichtlich mit Mut an? Und das nicht nur in Krisenzeiten, sondern auch im Alltagsleben? Ermutigung tut uns allen immer wieder gut. Welche Menschen ermutigen Sie? Wer steckt Sie mit seinem Mut an und lässt ihn regelrecht auf Sie überspringen? Oft haben wir solche Menschen in der Familie, in der Nachbarschaft, im Freundeskreis oder unter Kollegen. Manchmal sind es aber auch Persönlichkeiten aus der Öffentlichkeit, deren Mut für uns ganz besonders und beispielhaft ist, so dass wir voller Gestaltunglust einen Mutausbruch wagen.

Mein Großvater war ein besonderer Mutanstifter für mich. Was ich von ihm vorgelebt bekam, war, die Dinge anzupacken, den Fokus auf Lösungen zu richten, sich wenn nötig Unterstützung aus dem Netzwerk zu holen, und wenn etwas nicht klappte, etwas anderes auszuprobieren. Lebenslanges Lernen, Eigenverantwortung und die Lust an der Gestaltung waren unausgesprochene Familiengesetze. Das Vertrauen meines Großvaters in sich und das Leben war unerschütterlich. Und dabei wurde sein Leben mehrfach erschüttert. Er hatte einen Krieg mit Gefangenschaften in Frankreich und den USA, einschließlich einem Schiffsuntergang auf dem Atlantik, durch- und überlebt. Als er nach Kriegsende aus der Gefangenschaft kam, blieb ihm der Weg zurück zu seinen Eltern nach Schlesien versperrt. Sein älterer Bruder war, wie in der Familie erzählt wurde, im Krieg geblieben. Und so begann er allein, in einer fremden Gegend und ohne jeden Besitz ein neues Leben. Dass er meine Großmutter kennenlernte, sich verliebte, ein Haus aufbaute und mit ihr eine Familie gründete, deren Teil ich später sein durfte, machte ihn glücklich. Weitere Lebenskrisen blieben nicht aus. Mein Großvater jammerte deshalb nie. Er betrachtete sich nicht als ein Opfer und machte seine Mitmenschen nicht für seine Situation verantwortlich. Er sah das Gute voraus und ging voller Neugier und Lebenslust vorwärts. Und so wuchs ich in einer behüteten Familie mit einem großen Netzwerk und Freundeskreis auf. Mutlos zu sein,

gehörte nicht zu den Lernerfahrungen meiner Kindheit. Erst später, im reifen Erwachsenenalter und in eigenen Lebenskrisen merkte ich, dass diese Erfahrung für mich ein großes Geschenk und ein Glück ist. Heute würde ich sagen, das Leben meines Großvaters war von Resilienz geprägt und er hat sie an uns weitergegeben. Dafür bin ich ihm sehr dankbar.
Mut macht Mut. Mutanstiftung funktioniert also nicht nur im eigenen Ausdehnen unserer Komfortzone und einem Mutmuskeltraining. Das Besondere ist, das wir mit Mut angestiftet werden können und gleichzeitig andere Menschen mit unserem Mut anstecken können. Ich nenne es das »Prinzip der Mutanstiftung.«

Das Prinzip der Mutanstiftung
Was mir während meiner Suche nach Interviewpartnern für meinen Podcast aufgefallen ist, je mehr wir auf die Suche nach mutigen Menschen gehen, um so öfter begegnen sie uns. Das hat etwas mit unserer fokussierten Wahrnehmung zu tun. Bei der Mutanstiftung wird Mut an andere Menschen weitergegeben, was ihn kontinuierlich wachsen lässt. Dein Mut macht mir Mut und umgekehrt. Mutanstiftung folgt dem Prinzip des »Modelling«. Es geht dabei um Vorbilder, an denen wir uns orientieren können. Mit dem Prinzip der Mutanstiftung ist folglich das »Lernen am Modell« verbunden, das über die vereinfachte Vorbildwirkung hinausgeht. »Lernen am Modell« ist ein Begriff, den der kanadische Psychologe Albert Bandura geprägt hat. Seine Erforschung von Lernprozessen hat er aus der klinischen Psychologie in die Persönlichkeitsentwicklung übertragen.
Das »Lernen am Modell« ist ein kognitiver Lernprozess, der gegeben ist, wenn wir uns durch das Beobachten des Verhaltens anderer Menschen und seiner Konsequenzen, neue Verhaltensweisen aneignen oder unsere vorhandenen Verhaltensmuster verändern. Der Lernende ist der Beobachter, der Beobachtete das Modell. Das Konzept »Lernen am Modell« von Bandura entspricht der Pawlowschen Konditionierung. Bandura nimmt an, dass zwischen Reiz und Reaktion höhere Prozesse ablaufen. Dabei muss das

Modell nicht unbedingt ein Mensch sein, sondern kann auch eine fiktive Filmfigur oder ein Held aus einem Buch sein. In diesem Sinne ist es meines Erachtens möglich, sich einen fiktiven Avatar zu kreieren, dem wir alle unsere Zuschreibungen geben können, die wir uns wünschen, um mutiger zu werden. Die Betrachtung eines Modells regt uns grundsätzlich an, Verhaltensalternativen zu hinterfragen. Der Prozess des Modell-Lernens bringt verschiedene Lerneffekte hervor. Für das Lernen von Mut erscheinen mir diese beiden Effekte besonders wirksam:

1. Der modellierende Effekt
In einer bestimmten Situation wird eine neue Verhaltensweise erlernt. In der Folge ist es möglich, diese in einer ähnlichen Situation wieder abzurufen.

2. Der enthemmende/hemmende Effekt
Beim Beobachten von bereits bekannten Verhaltensweisen steigt oder sinkt unsere Hemmschwelle, das Verhalten in ähnlichen Situationen nachzuahmen. Ist der gezielte Effekt positiv, tritt Verstärkung ein.

Folgende Voraussetzungen müssen für das Lernen am Modell gegeben sein:

- Es muss eine Ähnlichkeit zwischen Beobachter und Modell geben. Das heißt, ich nehme ein Verhalten wahr, das ich selbst realisieren möchte.
- Der Grad einer emotionalen Beziehung zwischen beiden ist ausschlaggebend. Je intensiver die Beziehung, desto höher ist die Nachahmung des Verhaltens.
- Wird hinter dem gezeigten Verhalten ein Erfolg vermutet, dann steigt auch die Wahrscheinlichkeit der Nachahmung.
- Die stellvertretende Verstärkung: Kann der Beobachter nach dem Verhalten die Konsequenzen sehen, dann wirkt sich das verstärkend auf sein Handeln aus.

- Personen mit hohem bzw. höherem sozialen Status werden eher nachgeahmt.

Es gibt viele Menschen und Unternehmen, die uns Tag für Tag zeigen, was alles durch Mut erreicht werden kann. Schauen wir also auf die Menschen und die Unternehmen, die im Alltag mutig und couragiert agieren. Lassen wir uns mit Mut anstecken oder beschenken und werden wir selbst zum Mutanstiftern.

> **Mut-Quickie – Mutanstiftung**
>
> Mut zu leben lässt sich trainieren und beginnt zunächst mit der Arbeit an unserem Mindset. Mit der Reflexion der 7 Mutquellen trainieren wir Schritt für Schritt unseren Mutmuskel in Form eines *Change*-Mindset. Unseren Mut können wir aber auch verschenken und andere Menschen mit Mut anstecken, so wie wir uns auch selbst anstecken lassen können. Grundlage des Prinzips der Mutanstiftung ist das Lernen am Modell nach Albert Bandura. Menschen, die Mut in sich tragen und zeigen, sind Mutanstifter. Sie beflügeln uns mit ihrem Mut, wenn sie etwas wagen, was auch für uns bedeutsam ist. Wir können aktiv und bewusst nach Mutanstiftern Ausschau halten und uns an ihnen orientieren. Selbst ein Mutanstifter zu sein und seinen Mut zu verschenken bedeutet, Menschen über das eigene mutige Handeln zu ermutigen. Was wir dazu brauchen ist, uns in unserem Mut zu zeigen und als Vorbild im Alltag, im Beruf und im gesellschaftlichen Leben zu agieren. Das kann eine regelrechte Mutinfektionskette auslösen. Mein Projekt »Mutausbrüche« ist ein Beitrag, Mut nicht nur an Sie weiterzugeben, sondern auch mutige Menschen sichtbar und damit zu Mutanstiftern zu machen.

KAPITEL 4

ANSTIFTUNG ZU EINER MUTKULTUR – MUT ALS GESELLSCHAFTLICHE VISION

Mut ist die Kompetenz unserer Zeit. Was Mut in seinem Kern ist, und wie wir persönlich mutiger werden und ihn durch unser Vorbild vervielfältigen können, darüber konnten Sie in den vorangegangenen Kapiteln lesen. Mut fordert zum Handeln auf. Wir können ihn nicht anordnen oder einfordern, weder von unseren Mitarbeitern, nicht in der Schule noch gesellschaftlich. Ein beispielhaft gescheiterter Versuch ist mir in Erinnerung geblieben. Es ist die berühmte »Ruck-Rede« des damaligen Bundespräsidenten Roman Herzog aus dem Jahr 1997. Leidenschaftlich und vehement forderte er die Menschen und Unternehmen dieses Landes zu mehr Mut auf. »Es muss ein Ruck durch Deutschland gehen.« Diesen Satz haben sich die meisten der Zeitzeugen gemerkt. Auswirkungen hatte diese Rede leider keine. Warum nur? Das nichts passierte, ist kein Wunder, eben weil Mut eine Kompetenz und eine Haltung ist und beides lässt sich nicht äußerlich einfordern, sondern nur von innen entwickeln. Vorbilder sind gefragt, ebenso Geschichten, die berühren und die Mut machen. Mut in unser Leben zu tragen, braucht ein reflektiertes Wollen und die Sichtbarmachung des bewussten, mutigen Handelns Einzelner.

Zukunftsmut ist die Bereitschaft, sich zuversichtlich und ohne die Gedanken an eine Absicherung auf das Neue einzulassen. Wir müssen verstehen, dass niemand alle relevanten Fakten besitzt, um hundertprozentig sichere Entscheidungen zu treffen. Wenn wir unsere Gesellschaft mutig gestalten wollen, ist es hilfreich, wieder wie Kinder spielerisch zu werden und ohne feste Konzepte auf die Welt zuzugehen. Wir brauchen die Fähigkeit, in unbekannten Möglichkeiten zu denken und unser Wissen als vorläufige Fakten des Hier und Jetzt zu begreifen. Es geht darum, wie ein Beginner zu denken. Dieses Umdenken zu mehr Mut kommt einem Kulturwandel gleich. Schon Goethe verwies darauf: »Man sieht nur, was man weiß.« Umdenken heißt, unser Denken wieder aus der Neugier und aus der Begeisterung zu speisen.

Gestalten oder gestaltet zu werden, bedeutet auch, dass unser Mut radikaler sein muss, noch wagemutiger. Digitalisierung, Bildung, Pflege, Integration und Umweltschutz lassen sich nicht mit minimalinvasiven Eingriffen und Stückwerk in die Zukunftsfähigkeit überführen, die wir brauchen. Zielführend sind große Visionen, die von mutigen Menschen eigenverantwortlich und gemeinsam umgesetzt werden. Von Ihnen, von mir, dem Unternehmen von nebenan, den Verantwortlichen in der Politik und der Regierung. Wir brauchen offene Denkräume, um gemeinsame Zukunftsideen für ein zufriedenes Leben, für nachhaltige und resiliente Unternehmen und eine Gesellschaft der Vielfalt zu entwickeln. Mangelnder Mut ist schlimmer als mangelnder Erfolg. Denn Mut weist uns den Weg zum Erfolg. Vorausgesetzt, wir sind entschieden bereit, Umwege in Kauf zu nehmen und unser Verfehlen und Scheitern einzukalkulieren. Unserem Land würden mehr Mutausbrüche guttun. Wenn sie sich auch nicht einfordern lassen, wir haben immer die Möglichkeit, sie anzustiften. Ohne Mut keine Zukunft. Was wäre, wenn wir eine Gesellschaft von Beginnern, Gestaltern, Neugierigen und Menschen mit Gestaltungslust wären? *German Mut* statt *German Angst*. Ist das so? Ich lade Sie ein, Mut anders zu denken und Zukunftsmut zu schöpfen.

Mutig durch die Krise

Alle reden von der Krise, wir reden über Mut. Irgendwie beschleicht mich der Eindruck, unsere Welt drückt immer wieder mal kollektiv über den ganzen Erdball auf Stillstand. Und das in einer Zeit, in der sich andererseits immer noch alles in rasanter Geschwindigkeit weiterbewegt. Im Jahr 2020 sind die Covid-19-Pandemie und die Krise die am meisten verwendeten Worte. Krise, etwas anderes scheint es nicht mehr zu geben. Und ja, die Krise ist da, ihr Ausmaß auf allen Ebenen groß und die Schwere der Folgen ist noch nicht abzuschätzen. Und dennoch halte ich es für klüger, von einer anderen Seite auf das zu schauen, was ist. Wir brauchen gerade jetzt einen lösungsorientierten und zukunftsweisenden Blick. Wir fühlen, dass wir Teil dieser Veränderung sein müssen. Es gibt nichts zu beschönigen, nichts zu verdrängen, aber doch daran zu erinnern, was Gedanken und Gefühle in uns auslösen. Wenn wir von früh bis spät die Krise in unseren Kopf einpflanzen, dann hat das mentale Folgen. Sie erinnern sich, dass es die Angst ist, die uns den Zugang zu einem lösungsorientierten Denken versperrt. Aus ihr entstehen Kampf-, Flucht- und Totstellreflexe. Diese tragen bekanntermaßen nicht zur Bewältigung von Angst bei. Ganz im Gegenteil, sie führen zu angstbesetzten Handlungen und bei manchen Menschen sogar zu Depressionen. Das gesamte Angst-Abwehrprogramm ist in der Zeit einer Krise wie die der Covid-19-Pandemie gesellschaftlich sichtbar. Da läuft der eine wie ein Hamster in seinem Rad und verfällt in einen angstgetriebenen Aktionismus wie ein Ertrinkender. Der andere jammert und schimpft, aus einer verzweifelten Opferhaltung heraus auf die da oben und wartet hilflos auf Lösungen. Noch ein anderer verschließt die Augen, verdrängt und befindet sich in einer Schockstarre. Zielführende Wege aus der Krise sind das alles nicht. Krisen, und ich spreche nicht nur von dieser Pandemie, gibt es immer wieder, sie gehören zum Zyklus des Werdens und des Vergehens. Krisen sind chaotische Zeiten, Zeiten der Unsicherheit und der Zwischenräume. Wir tun uns schwer, uns mit den Mechanismen einer Krise anzufreunden und sie als eine neue Normalität anzuerkennen. Dabei kennen wir Disruption aus dem Bereich großer Innovationen, aber auch aus der Natur (siehe die Transformation des Schmetterlings). In der indischen Mythologie sorgt Shiva, der Gott der Zerstörung, als eine reinigende Kraft immer wieder für den Neuanfang. Alles was endet, schafft also Platz für etwas Neues und für einen Veränderungsprozess. Krisen bewältigen wir nicht, indem wir angestrengt versuchen, möglichst schnell wieder Sicherheit herzustellen und das Alte zu rekonstruieren. Zukunft zu gestalten bedeutet, mutig aus der Krise heraus das Neue zu schöpfen. Wenn wir das Wesen und die Phasen einer Krise, die letztlich ein Veränderungsprozess ist, verstehen und die Transformation bewusst durchlaufen, können wir aus ihrer Kraft heraus Neues schaffen. Dann erschaffen wir mit der Krise Zukunft.

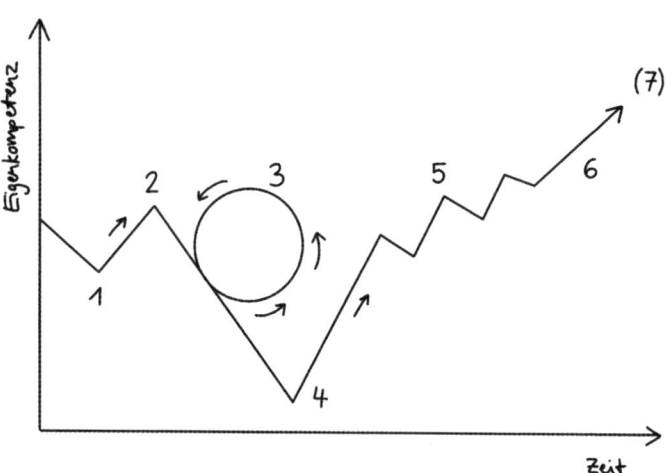

John P. Kotter hat das 3-Phasen-Modell der Veränderung von Kurt Lewin weiterentwickelt und beschreibt in seinem Modell die typischen Muster der einzelnen Phasen eines jeden Veränderungsprozesses und die Auswirkungen auf die Wahrnehmung unserer Kompetenz. Die wesentlichen Merkmale je Phase lassen sich zusammengefasst so beschreiben:

1. Schock
Am Anfang stehen Schock und Verwirrung. Wir ahnen, es geht so nicht mehr weiter. In diesem Moment sinkt tatsächlich unsere subjektiv empfundene Eigenkompetenz.

2. Ablehnung/Verneinung (Wahrnehmungsverzerrung)
In dieser Phase folgt eine Art »Antihaltung« und Ablehnung, aber auch ein Abwarten. Aus einem »Das kann nicht sein!« mobilisieren wir ein Mehr an Energie in die falsche Richtung. Wir weigern uns, die veränderte Situation anzuerkennen und versuchen, das Alte festzuhalten. Damit erleben wir subjektiv eine Steigerung unserer Eigenkompetenz. Wir sind in dem Glauben, mit unserer Aktivität die Situation wieder unter Kontrolle zu bekommen.

3. Verunsicherung und rationale Einsicht
Nachdem der Energieeinsatz vergebens war, beginnen wir rational einzusehen, dass eine Veränderung stattgefunden hat. Allerdings gibt es hier immer wieder rückwärtsgewandte Hoffnungen. Unsere Haltung ist: Es ist so, aber vielleicht … Die Notwendigkeit der Veränderung ist sichtbar, aber wir haben keine Lösung, die uns weiterbringt. Auch Konsequenzen wollen wir noch nicht in Kauf nehmen. Das heißt, wir haben die alte Situation emotional noch immer nicht losgelassen. Die Eigenkompetenz steigt und sinkt im Wechselbad, d. h. vom Glauben eine Lösung parat zu haben und sie dann doch wieder verwerfen zu müssen.

4. Emotionale Akzeptanz
Diese Phase ist die schmerzlichste aller Veränderungsphasen und gleichzeitig die wichtigste. Der Punkt der Erkenntnis ist erreicht. Es geht nicht so weiter wie bisher. Wir müssen uns dringend der Veränderung stellen. Wir sind nun bereit, Chancen zu ergreifen, das Neue rückt in den Blick. Das »Tal der Tränen« ist gleichzeitig die Tür zur Veränderung. Diese Phase zu vermeiden, heißt, in Verneinungsschleifen zu treten, um dem Schmerz auszuweichen. Veränderung braucht aber rationales und emotionales Begreifen. Nur so steigt

unsere Eigenkompetenz und können wir den Widerstand loslassen und in die aktive Gestaltung treten.

5. Neues ausprobieren und lernen
Jetzt sind wir wirklich frei für neue Lösungsansätze. Wir entwickeln in Experimentierfreude nach dem Prinzipien »Trial & Error« neue Ideen. Unsere subjektiv empfundene Eigenkompetenz steigt, da wir aktiv werden. Das Motto dieser Phase lautet: »Versuch und Irrtum bringen mich voran.« Fehler, das Verwerfen von Lösungen helfen uns auf dem Weg geeignete Strategien zu finden. Die Eigenkompetenz sinkt dabei immer wieder nur gering ab und steigt tendenziell mit dem Gefühl der Selbstwirksamkeit.

6. Erkenntnis
In dieser Phase findet sich unsere Eigenkompetenz auf einem höheren Level als zu Beginn der Veränderung. Wir haben etwas dazu gelernt und sind mit einer unbekannten Situation klargekommen. Neue Verhaltensweisen können wir in unser zukünftiges Handlungsrepertoire übernehmen. Aktiv an unserer Eigenkompetenz zu arbeiten, steigert auch unsere Selbstsicherheit. Je komplexer und schwieriger der Prozess war, umso höher ist unsere Kompetenzerweiterung.

7. Integration
Die Integration in den Alltag heißt, das neu Gelernte ist zu einer neuen anwendungsbereiten Routine geworden. Außerdem haben wir mehr Eigenstärke in uns, um für zukünftige Veränderung besser gewappnet zu sein und auch neue Ziele ansteuern zu können.

Neben dem Verständnis des Phasenverlaufs von Veränderungen gilt es Krisen aktiv zu nutzen. Bei der Krisenbewältigung geht es darum: 1. Klarheit über den Status Quo zu gewinnen, 2. Platz für Schmerz, Trauer und Abschied zu schaffen, 3. Lernerfahrungen zu reflektieren, 4. Alternative Geschehensabläufe zu durchdenken, 5. Den ersten Schritt zu planen und 6. Sparringspartner und Verbündete zu suchen.

Was sich in der Krise so beängstigend anfühlt, zwingt uns hinzuschauen und uns selbst zu hinterfragen. Die Kernfragen jeder Krise sind:

- Wo stehen wir? (Status Quo)
- Wer wollen wir sein? (Identität)
- Was treibt uns an? (Warum? Wertekultur)
- Was wollen wir beitragen? (Wofür? Gemeinschaft und Sinn)

Sicher fallen auch Ihnen noch zentrale Fragen für eine solche Situation ein. Das ist gut, denn neue Fragen läuten ein neues Denken ein. Der Moment der größten Unsicherheit ist genau der richtige Zeitpunkt, um Mut zu fassen und neu zu denken, statt die Vergangenheit wieder zu beleben. Dieser Moment bietet uns die Chance, alles auf den Prüfstand zu stellen, was vielleicht schon längst wacklig war, und Zukunftsvisionen zu entwickeln. In einem Zoom-Meeting mit 20 Führungskräften sind folgende Denkanstöße zum Thema »Krisen mutig betrachten« entstanden.

1. Krisenbewältigung ist kein Notfallmanagement.
2. Wir können uns nicht aus der Krise herausrechnen.
3. Krisen reguliert man nicht.
4. Vergiss Krisenberatung und baue mutige Zukunftsmodelle.
5. Widerstehe der Versuchung das Alte wiederherzustellen.
6. Krise heißt den Chancenblick zuzulassen.
7. Krisen laden ein, Risiken für Veränderung einzugehen.
8. Krisen bewältigen wir am besten gemeinsam im Netzwerk.
9. Krisen spülen hoch, was vorher bereits veränderungswürdig war.
10. Nie lernen wir mehr als in der Krise.
11. Nur Sicherheitsfanatiker fürchten die Krise.
12. Krisen erlauben den Zweifel am Alten und die Zuversicht auf das Neue.
13. Krisen belohnen die, die bereit sind, Wagnisse einzugehen.

14. Krisen fordern unsere Kreativität heraus und schaffen schnelle Innovationen.
15. Krisen befördern die Energie zu mehr Mut: Es ist die Zeit für Gestalter.

Wendepunkte verlangen immer wieder nach einem Neuanfang, im privaten Leben, unternehmerisch oder gesellschaftlich, und sie setzen eine enorm starke Veränderungsenergie frei. Die Energie einer Krise lässt sich mit der Mutquelle *Joyfear* (vgl. Mutquelle Nr. 7) verbinden. In Krisenzeiten ist die Gestaltungskraft am größten. Denken wir zum Beispiel an die Trümmerfrauen nach dem Krieg, an den »Wind of Change« nach dem Mauerfall oder an unsere persönlichen Lebenskrisen. Als ich 2017 nach meiner Krebserkrankung wieder die ersten Versuche unternahm, joggen zu gehen, habe ich mich, ohne nachzudenken, per Mausklick zum Stadtlauf in Hamburg angemeldet. Übermut? Es war nicht nur mein erster Stadtlauf, ich war zu jener Zeit nicht mal in der Lage 2 km am Stück zu laufen. Aber ich wusste, ich werde es schaffen, denn in mir wohnte eine sehnsüchtige Zuversicht. Knapp zwei Monate später belegte ich beim Hamburger Stadtlauf den 10. Platz in meiner Altersklasse und in der Gesamtwertung Platz 193 (von 1.121 Frauen). Ohne das Ergebnis zu kennen, war es ein Augenblick höchster Emotionalität, als ich gemeinsam mit meiner Tochter und mit Freudentränen ins Ziel einlief. Aus einer schweren gesundheitlichen Krise heraus hatte ich mich »im Kopf gesund gelaufen«. Krisen bewältigen wir folglich mit dem Mut zu unserer Zukunft. Mut in der Krise sollte mit zwei Fragen beginnen: Was wollen wir nicht mehr? Was darf möglich werden? Und ja, ich erlebe derzeit Menschen und Unternehmen, die genau das verstanden haben und in diesem Sinne vorwärts gehen. Das Schöne, sie nehmen andere durch ihren ansteckenden Mut mit.

Wir brauchen keine Helden! Ein Hoch auf den Alltagsmut

Kann ein Buch über Mut ganz ohne Helden auskommen? Ja und Nein. Helden sind wir nämlich irgendwie alle, zumindest im Alltag. Jeder von uns ist in seiner Welt, mit seinem individuellen Mut im Kleinen ein Held. Wie oft schauen wir bewundernd auf die großen Taten anderer? Wir blicken gern auf Menschen, die es »geschafft« haben. Sind das Mutmacher für uns? Eher selten. Um unser Leben mutig in die Hand zu nehmen, brauchen wir Vorbilder zum Anfassen, zu denen wir Nähe entwickeln können. Die ganz »Großen« sind oft zu weit weg. Wenn ich zum Beispiel zum ersten Mal ein Buch schreibe und mir James Patterson (er gilt als einer der erfolgreichsten Autoren der Welt und hat mehr als 100 Bücher herausgebracht) zum Vorbild nehme, macht mir das nicht unbedingt Mut, ganz im Gegenteil. Da seine Leistung für uns unerreichbar ist, ist er auch kein repräsentativer Mutmacher für meine Situation. Es wäre viel sinnvoller, an Guilia Enders anzuknüpfen, die mit *Darm mit Charme* 2014 aus dem Stand heraus eine Bestsellerautorin wurde. Die Botschaft für alle ambitionierten Debütanten: Es ist möglich, als Neuautorin Gehör zu finden und sehr erfolgreich zu werden. Denn wer schreibt, wünscht sich natürlich Leser, um seine Botschaft zu verbreiten. Alltagsmut ist das, was uns alle in diesen stürmischen Zeiten des Wandels betrifft. Soll ich oder soll ich lieber nicht? Da ist die Unternehmerstochter, die gern nach ihrer Doktorarbeit in die Forschung wechseln möchte, aber den Familienbetrieb übernehmen soll; da ist die Managerin, die ihre Karriere drei Jahre für ihre Rolle als Mutter von Zwillingen aussetzen möchte und dafür von nur Kopfschütteln erhält; da ist der junge Familienvater, der gern in Teilzeit arbeiten möchte und den Antrag schon einen ganzen Monat in der Tasche mit sich herumschleppt, weil sein Chef so etwas »unmännlich« findet, und da ist die junge Frau, die davon träumt, auszuwandern und gleichzeitig ihre Eltern nicht enttäuschen möchte. Manchmal sind es aber auch die ganz kleinen Sachen, die unseren Mut brauchen, wie ein einfaches Nein auszusprechen, wenn das Arbeitspensum im Job längst überschritten ist, oder das Meeting zu verlassen, weil ich meine Kinder zum Sport begleiten möchte, oder wenn sich jemand in der Bahn schützend vor einen Fahrgast stellt, der grundlos angepöbelt wird, oder beim Spaziergang im Park den Mitmenschen anzusprechen, der gerade die Verpackung seines Pausensnacks einfach so fallen gelassen hat. Wenn wir im Kleinen mehr wagen, dann werden wir langfristig größeren Mut aufbringen können.»Das war ja gar nicht so schlimm«, sagte kürzlich in meinem Coaching eine Filialleiterin zu mir, die sich endlich getraut hatte, die längst überfällige Gehaltsverhandlung zu führen. Auch die Sängerin Kat Wulff erzählte mir in ihrem Interview, dass ihre mutige Grundhaltung im Alltag aus ihren Erfahrungen der kleinen Schritte erwächst:»Ach so, ist ja gar nicht so schlimm. Schon wieder überlebt.« Sie erklärte mir, dass sie sich eher als eine Langläuferin betrachtet. Viele kleine mutige Schritte führen zu größeren Schritten. Mut fängt bei uns selbst an, im ganz normalen Alltag. Es ist kein Heldenmut, aber ein Mut, den wir für ein gelingendes Leben brauchen. Er lässt uns wachsen, um für den nächsten Mutausbruch bereit zu sein.

Mut in Management und Führung: Vom Ego-Trip zu einem agilen Teamwork

Mut in Management und Führung zu zeigen, schließt sich aus, sagte unlängst eine Nachwuchsführungskraft im Hackathon»Zukunftsfähig Führen« vollkommen selbstsicher. Neu war dieser Standpunkt für mich nicht. Ich habe ähnliche Aussagen schon mehrfach gehört und dazu auch entsprechende Beratungserfahrungen gemacht. Es hat mich deshalb nicht verwundert. Wenn sich auch – so ehrlich müssen wir schon sein – in den Führungsetagen viele Führungskräfte mit dem Prädikat »feige« tummeln, so muss ich zeitgleich feststellen, dass es auch Führungskräfte gibt, die Mut vorbildlich leben. Und genau diese brauchen mehr Sichtbarkeit. Jeder der als Führungskraft beklagt, dass es zu wenig Mut in den Führungsetagen gibt, muss sich selbst fragen: Wie zeige ich Mut in meiner Führungsrolle? Wo ist meine Vorbildhaltung für andere Führungskräfte und für den Mut meiner Mitarbeiter? Wenn wir den Eindruck haben, »die da oben« haben nicht genügend Mut, können wir mittels unseres eigenen Handelns nach »oben« führen, denn davon muss Führung Gebrauch machen. Vorstände und Manager lernen nach den gleichen Regeln wie wir auch. Veränderung beginnt bei mir selbst. Warum sollte ich Dinge nicht tun, nur weil es andere auch nicht machen?

Mutige Führung – Denkimpulse
Die Zeiten, in denen auf Manager und Führungskräfte ehrfürchtig heraufgeblickt wurde, sind vorbei. Die Sicht auf die Führungsebenen in Unternehmen orientiert sich stattdessen an ihrer Wirksamkeit. Führung, in einer sich neu erfindenden Arbeitswelt, heißt unumstritten zu dienen. Führungskräfte ermöglichen gemeinsamen Erfolg, denn sie schaffen Orientierung und machen Wandel möglich. Ihr Team und Ihre Mitarbeiter sind letztlich so mutlos oder mutig, wie sie es von Ihnen vorgelebt bekommen! Wer einen mutigen Führungsstil pflegt, erschafft sich ein Team mutiger Mitarbeiter. Nicht umsonst heißt eine goldene Regel: Sie haben immer die Mitarbeiter, die Sie verdienen. Auch darüber lohnt es nachzudenken. Wie mutig führe ich?

1. Die Vorbildrolle
Wir können nicht nicht führen. Ein Grundsatz lautet, alles was ich als Führungskraft oder Manager tue, ist immer, und ich meine »immer«, im Blick der Mitarbeiter. Das hat Auswirkungen. Eine Vorbildfunktion wirkt nicht nur in eine Richtung. »Eigentlich müsste ich alle Mitarbeiter austauschen«, sagte einmal ein verzweifelter Abteilungsleiter zu mir. Statt wertvolle Mitarbeiter zu entlassen, haben wir erst einmal seine Führungsweise analysiert. Veränderung beginnt damit, selbst in den Spiegel zu schauen. Was ich selbst vorlebe, das wirkt, darauf dürfen wir uns verlassen.

Wenn du glaubst, du führst und keiner folgt dir, dann gehst du nur spazieren. (Unbekannt)

Ein egozentrischer Führungsstil passt nicht mehr in unsere Zeit. Die letzten Exemplare dieser Art soll es zwar noch geben, aber sie sind vom Aussterben bedroht. Es ist Fakt: Wenn ich eine Führungskraft bin, darf ich mich selbst nicht zu wichtig nehmen. Ein Führen aus der Machtposition heraus, aus einer reinen Rolle, wird zunehmend schwerer. Personality schlägt Ego: Wir führen über unsere Persönlichkeit und Kompetenz. Wer Führungskraft sein will, muss gleichzeitig Ja zu einem lebenslangen Entwicklungsprozess sagen.

2. Die Augenhöhe
In Führung zu gehen, verlangt ein Miteinander auf Augenhöhe. Ich darf Sie daran erinnern, die Führungsrolle ist nur »verliehen«. Demut in der Führung führt zu einer authentischen Führungspersönlichkeit. Führen braucht beides, Herz und Verstand. Mitarbeiter müssen spüren, dass Sie echt sind, sonst gibt es kein Wir.

3. Vertrauen – Persönlichkeit statt Rolle
Keine Führungskraft kann Vertrauen einfordern, wenn sie es nicht selbst anderen schenkt. Mutige Führung schafft eine vertrauensvolle Basis, indem sie Freiräume zugesteht, Unterstützung im Sparring anbietet, Entscheidungen an der richtigen Stelle trifft und übermäßige Kontrolle loslässt. Geben Sie Feedback, lassen Sie Kritik zu und benennen Sie Probleme. Führung heißt in guter Kommunikation mit seinen Mitarbeitern zu sein und lebendige Beziehungen zu üben. Übrigens, nicht vergessen, Führungskräfte sind Teil des Teams!

4. Fehler(Kultur)
Als Führungskraft bin ich verantwortlich, die Entwicklung einer Fehlerkultur anzustoßen, um Menschen wirksam werden zu lassen. Der Umgang mit Fehlern und Scheitern ist nicht nur in Deutschlands Unternehmenswelt verkümmert, es ist ein gesell-

schaftliches Tabu. Dabei prägt der Umgang mit Fehlern maßgeblich den Erfolg. Wer Fehler macht, der bewegt etwas. Denn wer viel umsetzt, dessen Chancen auf Erfolg steigen. Gestaltungsprozesse gehen oft mit Fehltritten einher. Wer nichts macht, macht selbstverständlich auch nichts falsch. Allerdings bleibt man so garantiert unter seinen Möglichkeiten. Was wäre, wenn ... kann dann irgendwann einen bitteren Nachgeschmack bekommen. Dort, wo sich keiner traut und jemand perfektionistisch über seinen Aufgaben verweilt, aus Angst aufschiebt, Opferhaltung lebt, dort wohnt das ewige Gestern. Mut muss belohnt statt sanktioniert werden. Wenn ich als Führungskraft meine eigenen Verirrungen unter den Tisch kehre, provoziere ich Mutlosigkeit. Fehler müssen eine Option auf dem Weg zum Ziel sein. Hier ist mutiges Umdenken angesagt.

5. Innovation einladen
Über die Art Ihrer Führung entscheiden Sie mit, ob Ihr Unternehmen ein guter Platz für Innovationen ist. Welche Räume des Ausprobierens können die Mitarbeiter nutzen, um ihrer Kreativität freien Lauf zu lassen? Dem Verfehlen als realistische Möglichkeit einen Platz einzuräumen, bedeutet Platz für kreatives Gestalten zu machen. Eine Führung, die dies ermöglicht, schafft Raum für Gestaltungslust und damit auch für Innovation.

6. Ziele freilassen
Planen Sie noch oder gestalten Sie schon? Führung muss sich von klassischen, starren Zielprozessen und übermäßiger Kontrolle durch das »*Management by Objectives*« lösen. So wie sich alles wandelt, ist auch diese Managementmethode eine gestrige geworden. Ziele brauchen etwas, was man ihnen an Zuschreibung zunächst absprechen möchte, nämlich Flexibilität. Flexibilität bedeutet nicht, im Zweifel aufzugeben oder einen Mangel an Willenskraft zu offenbaren. Wenn ein Ziel erreichbar sein soll, dann muss es sich sogar flexibel verändern dürfen. Der Mut, ein Ziel wieder loszulassen, es anzupassen und sich auf ein agiles Handeln auszurichten, ist Führungskompetenz in einer VUKA-Welt (Vgl. Ka-

pitel 1, Am Anfang war der Mut). Gleiches gilt für Vorschriften und Richtlinien. Wir brauchen mehr Führung, die infrage stellt! Loslassen und Führen sind kein Widerspruch. Unsere Arbeitswelt ist auf Flexibilität angewiesen. Führungskräfte müssen sich zukünftig auch dieser Lernaufgabe stellen.

7. »Rebel4change«

Führungskräfte in modernen Arbeitswelten sind *Change-Rebel*. Sie sind Vorreiter darin, Unsicherheit zu leben, Altes loszulassen, Disruption und damit Innovation zu befördern, Kontrollverlust auszuhalten und gleichzeitig Sicherheit zu geben. Dabei werden sie von einem *Future-Mindset* getragen. Aufgaben, die uns die Zukunft stellt, können wir nicht mit den Erfahrungen von gestern lösen. Sie brauchen den Mut, Denkräume für Möglichkeiten aufzumachen, für sich und für die Mitarbeiter. Der Mut, unbequem zu sein, gehört unbedingt dazu. Sprechen Sie Klartext, benennen Sie die Dinge, sagen Sie, was Sie wollen und fordern Sie ein, was Sie vorleben. An der Lust zu mutiger Gestaltung entscheidet sich heute die Eignung für einen Führungsjob.

8. Agil führen

Agil? Schon wieder eine Methode? Wieder eine Kuh, die durchs Dorf getrieben wird? Agilität heißt nicht nur Wegfall von Hierarchiestufen und Demokratisierung im Unternehmen. Führung wird nicht mehr vom Thron ausgeübt, sie trägt die Rolle des Ermöglichers. Agile Führung ist eine Haltung, die Prozesse wie die Digitalisierung und der rasante Wandel in unserer Gesellschaft einfordern. Wenn ich als Führungskraft agile Gestaltung unterstütze, vertrauensvoll Eigenverantwortung stärke und dazu einlade, über den Tellerrand zu schauen, dann entsteht gemeinsamer Erfolg, der das Wachstum des einzelnen Mitarbeiters ermöglicht. Das heißt auch, das Unternehmen im Ganzen im Blick zu haben und mutig aus dem Abteilungsdenken herauszutreten.

Führung ist keinesfalls ein Job, der nebenbei erledigt werden kann oder sich automatisch erledigt. Führungskräfte, die Wandel vorleben, brauchen selbst Zeit für Rückzug und Reflexion. Mit dem Mut, regelmäßigen den Status Quo zu reflektieren und sich Feedback einzuholen, überwinden Führungskräfte die Gefahr, betriebsblind zu werden. Grundsätzlich empfehle ich Führungskräften, mehr Fragen zu stellen, als Antworten zu geben. Der Glaube, gut zu führen, wenn ich steuere, anweise und selbst entscheide, hält sich hartnäckig. Mutig führen heißt, sich den Erfordernissen der sich wandelnden Welt zu stellen. Wie steht es um Ihren Führungsmut? Ein Kurzcheck zum Abhaken:

1. Ich fordere nichts, was ich nicht vorlebe.
2. Ich praktiziere klare Kommunikation auf allen Ebenen (Information – Feedback – Kritik).
3. Ich bin bereit, mich für die Sache angreifbar zu machen (gegen den Mainstream).
4. Ich bin integer.
5. Ich beherrsche die Dynamik zwischen Vertrauen und Kontrolle.
6. Ich bin in der Lage unpopuläre Entscheidungen zu treffen.
7. Ich treffe zukunftsweisende Entscheidungen, auch wenn kurzfristige Nachteile absehbar sind.
8. Ich kann mich vertrauensvoll zurücknehmen und eigenverantwortliche Arbeit befördern.
9. Ich bin bereit, Risiken einzugehen.
10. Ich vertrete mein Team auf allen Ebenen und in alle Richtungen.
11. Ich sage Nein, auch wenn es meiner Karriere schaden könnte.
12. Ich halte Konflikte aus.
13. Ich verteidige Projekte, die zukunftsweisend sind.
14. Ich spreche unbequeme Wahrheiten aus, wenn sie dienlich sind.
15. Ich bin bereit, Werte gegen kurzfristige Interessen zu vertreten.

Das ist nur eine Auswahl von Aussagen, die eine mutige Führung beschreiben. Führung verlangt Mut, ändern wir daher eingefahrene Führungsmodelle. Ein Gen für mutige Führung gibt es soweit ich weiß nicht. Mutig zu führen, ist und bleibt Entwicklungsarbeit an sich selbst, da helfen weder Tools noch ein Werkzeugkoffer an Führungsinstrumenten. Mut ist eine Eigenschaft, die Sie als Führungskraft lernen können. Wenn Sie bereit sind, die Latte kontinuierlich etwas höher zu legen, wird auch Ihr Führungsmut wachsen.

Gescheiter(t) bin ich schon: Eine Absage an das Fehlermanagement

Fehlermanagement – Wie geht es Ihnen, wenn das Wort in Ihre Ohren dringt? In meinen Ohren hört es sich an nach »Wir können alles kontrollieren und regeln«. Ist das wahr? Wir wissen alle, dass das nicht möglich ist, dafür müssen wir nicht besonders klug sein. Doch warum versuchen wir es dann? Fehlermanagement ist ein Unwort. Das Wort »Fehlermanagement« impliziert, Fehler könnten gemanagt werden. Es vermittelt den Eindruck, wir könnten Fehler vermeiden oder abmildern, und es schaffen, »fehlerfrei« zu sein. Hier fehlt es an Demut! Ein Fehlermanagement ist der Versuch, Kontrolle zu erlangen und absolute Sicherheiten herzustellen. Das ist ein Irrglaube!

Fehlervermeidung ist keine Lösung. Fehler vermeiden zu müssen, setzt uns unter Druck und führt zu Stillstand und zur Begrenzung von kreativen Prozessen und innovativen Entwicklungen. Im »Lean Management«, einer angesagte Managementmethode, werden Fehler als eine Verschwendung betrachtet und passen damit nicht in die angestrebte schlanke Organisation. »Nullfehlertoleranz« als Verbesserungsstrategie und Methode der Qualitätssicherung ist das beschworene Zauberwort. Doch diese Theorie hat etwas nicht bedacht: Menschen kann man erstens nicht perfektionieren und zweitens führt Druck in den meisten Fällen zu einer höheren Fehlerquote. Viel wichtiger als eine »Null-Fehlertoleranz«

sind Entscheidungsfreude und eigenständiges Denken. Wenn komplexe Organisationen und Gesellschaften Fehler managen wollen, streben sie an, Komplexität zu reduzieren. Damit verringern sie ihre Bereitschaft, sich auf etwas Neues einzulassen. Fehler kann ich immer nur innerhalb der Ausführung von festen Routinen vermeiden, nicht aber im Rahmen dynamischer Prozesse. Verstehen Sie mich nicht falsch, es gibt Bereiche, in denen eine strikte Fehlervermeidung im Rahmen von Routinen existenziell notwendig ist. Wenn wir beispielsweise an die Notfallmedizin oder auch den Flugverkehr denken. Wer möchte schon die Lautsprecheransage des Piloten aus dem Cockpit hören: »Herzlich willkommen an Bord. Das ist heute ein besonderer Tag. Sie erleben meinen ersten Flug mit mir. Ich versuche es einfach mal.« Überall dort, wo wir komplex agieren, wo wir Kreativität beflügeln möchten und Innovationen entstehen sollen, brauchen wir den Fehler als ein schöpferisches Moment. Denn etwas zu wagen, zu experimentieren, auszuprobieren und dabei zu verfehlen, erhöht unsere Lernkurve. Das heißt wir können das, was nicht funktioniert, auch schnell wieder aussortieren. Gleichzeitig werden Innovationsprozesse beschleunigt. Ist es eigentlich Zufall, dass die Buchstaben des Wortes »Fehler« in einer anderen Reihenfolge das Wort »Helfer« bilden und dass das Wort »gescheitert« das Wort »gescheiter« enthält? Haben Sie Mut zu Fehlern! Auf einem vorbestimmten Weg von A nach B werden wir nichts Neues finden. Das geht über das propagierte Lernen aus Fehlern hinaus.

Fehlerkultur

Fehlermanagement ist eine »Verhinderungskultur«, die vordergründig von einem Optimierungsgedanken getragen wird.
Ziel ist es, Prozesse, Produkte und Menschen fehlerfrei zu machen. Was aber passiert, ist genau das Gegenteil. Mit der Verstärkung von Sicherheitsmechanismen entsteht ein Stillstand, der vielfach Ursache von Fehlern ist. Die Etablierung einer bewussten Fehlerkultur setzt beim Menschen an. Sie setzt auf die Vertrauensbildung und die Bewältigung von Ängsten. Fehler dürfen gesche-

hen. Sie werden analysiert und zu Lernerfahrungen umgewandelt, aber nicht zu einem moralischen Bewertungskriterium der Persönlichkeit eines Menschen gemacht. Die Haltung der »Fehlerfreundlichkeit« lädt im Unterschied dazu ein, etwas auszuprobieren, Dinge neugierig zu entwickeln und ohne Druck das Ereignis von Fehlern zu akzeptieren. Jeder Fehler ist eine Eintrittskarte dazu, Verbesserungen zu ermöglichen, Innovationen herbeizuführen und neue Wege zu erschließen.

Mut zum Fehler: Kompakte Impulse zum Nachdenken

> *Den größten Fehler, den man im*
> *Leben machen kann, ist immer Angst*
> *zu haben, einen Fehler zu machen.*
> *(Dietrich Bonhoeffer)*

1. **Sicherheitsdenken und Perfektionsdenken überprüfen und Risiken bewusst kalkulieren**

Irren, verfehlen und scheitern gehören zum Leben. Das Leben ist nicht perfekt, aber wir können es bewusst gestalten. Fehler zu machen und sie offen zu kommunizieren, ist für Führungskräfte und Mitarbeiter genauso wie im Privatleben alles andere als einfach. Fehler sind unbequem, denn sie machen uns verletzlich und lösen Schamgefühle aus. Wer gibt schon gern zu, dass es Angst in ihm auslöst, sich verletzlich, »nackt« zu zeigen? Gehören so viel Ehrlichkeit und Emotion in ein Unternehmen oder gar an die Öffentlichkeit? Die meisten würden diese Frage mit Nein beantworten. Kein Wunder, dass Fehler gern unter den Teppich gekehrt werden. Diese Art des Umgangs mit Fehlern ist leider fast schon ein Volkssport geworden. Wir Menschen sind gut darin, Vermeidungsstrategien zu etablieren, um uns zu schützen.

Ein klassisches Fehlermanagement kostet viel Zeit, Energie und Geld. Keine Frage, je gründlicher, perfektionistischer, desto ineffizienter sind wir. Wir sollten den Fokus stattdessen auf Lösungen le-

gen, frei nach dem Prinzip: »So genau wie nötig, statt so genau wie möglich.«
Öffnen Sie Ihren Blick, ob privat oder beruflich (unternehmerisch) für eine vertrauensvolle Fehlerkultur.

2. **Die Akzeptanz von Unsicherheit und Fehlern und eine vertrauensstiftende Kommunikation**
Wenn Führungskräfte und Mitarbeiter bereit sind, mit ihren Schwächen offen umzugehen, gelingt es, einen unternehmerischen Entwicklungsprozess anzustoßen und Prozesse und Produkte nicht »nur« weiterzuentwickeln. In einem solchen Umfeld verlaufen Personal- und Unternehmensentwicklung nahezu parallel.

3. **Die Entwicklung einer Lernkultur anstoßen, Fehler als Chancen und Innovationsstifter betrachten**
Machen Sie sich eine Lebensregel des Dalai Lama zu eigen: »Wenn du verlierst, verliere nie die Lektion!« Wer kennt sie nicht, die berühmten, kreativen Entdeckungen, die eigentlich aus oft sehr einfachen Fehlern entstanden sind. Wir machen Fehler nicht absichtlich, und wir müssen sie auch nicht feiern, aber wir dürfen sie wie unseren Erfolg einkalkulieren. Entscheidend ist die Bereitschaft, aus seinen Fehlern zu lernen. Fehler können in diesem positiven Sinne eine Lektion sein, einen Lerneffekt bewirken. Klären Sie für sich persönlich oder für Ihr Unternehmen folgende Fragen: Was bedeutet ein Fehler für mich/uns? Welche Kategorien von Fehlern sollte ich/wir wie behandeln? Welchen Rahmen brauche/n ich/wir für einen besseren Umgang mit Fehlern?

4. **Resilienz befördern**
Resiliente Mitarbeiter erwachsen aus einer resilienten Unternehmenskultur. Genauso wie sich resiliente Kinder durch resiliente Vorbilder (die ihren Helikopter zu Hause lassen) entwickeln. Voraussetzung ist eine offene Unternehmenskultur, in der echte Teamarbeit im Einklang mit den Unternehmenswerten gelebt werden kann. Dort, wo Leistung wertgeschätzt wird, Mitarbeiter

und Führung in vertrauensvoller Kommunikation sind, die Führung situativ auf ihre Mitarbeiter und ihre Aufgaben ausgerichtet ist, Selbstwirksamkeit statt Überforderung gelebt wird und eine Fehlerkultur kein Fremdwort ist, pflanzen Unternehmen einen guten Nährboden für das, was man Resilienz nennt.

5. Mut und Demut zur Verfehlung
Erstrebenswert sind Verhaltenskulturen, die neben der Zielerreichung auch die Prozesse, das Engagement, das Verhalten der Mitarbeiter auf dem Weg würdigen. Bloße Ergebnisfixierung wird langfristig zu einem Motivationskiller. Unternehmen, die innovativ und kreativ erfolgreich sein wollen, brauchen Führungskräfte und Mitarbeiter, die kalkulierbare Risiken eingehen, mutig Veränderungen gestalten und Demut gegenüber ihrer eigenen Begrenztheit und der ihrer Kollegen und Mitmenschen haben. Dann ist das Verfehlen Teil des Innovationsprozesses. Wer spielerisch und mutig experimentiert, verfehlt zwar schneller, kann aber das, was nicht funktioniert, auch schneller loslassen und auf diese Weise den Innovationsprozess verkürzen.

6. Verantwortung leben
Eine starke Fehlerkultur zu entwickeln, braucht Menschen, die bereit sind, entsprechend ihrer Rolle im Unternehmen Verantwortung zu tragen. Eigenverantwortlich und ohne Schuldzuweisungen zu agieren, schützt uns davor, ohnmächtige Opferhaltungen einzunehmen: Was hat das mit mir zu tun? Was ist mein Anteil? Wie kann ich Lösungen finden und etablieren? Wer kann mich wie unterstützen? Wie kann ich unterstützen?

7. Vorbildrolle Führung
Begeisterung zu entfachen, Entdeckerfreude und positive Erfahrungen zu befördern, sind die Aufgabe einer guten Führung. Aus der Neurobiologie haben wir längst die Bestätigung bekommen, Unternehmen, die ihre Führung mit Kontrolle, Angst und Druck ausüben, sind nicht erfolgreicher als offene und loyale Führungs-

kulturen. In Zeiten rasanten Wandels und einer immer komplexer werdenden Arbeitswelt können Management und Führung keine Sicherheiten garantieren. Doch sie können einen Beitrag leisten, eine Unternehmenskultur zu schaffen, in der Begeisterung und Lust auf Gestaltung größer sind als die Angst vor dem Scheitern. Damit schaffen sie zwar keine absoluten Sicherheiten, aber die berechtigte Hoffnung, dass alles gut gelingt, wenn wir gemeinsam daran arbeiten. Fehler dürfen nicht länger als ein Tabu betrachtet werden. Nur dann kann nicht nur eine neue Fehlerkultur entstehen, sondern auch eine echte Mutkultur. Mehr Mut in Management und Führung sind der Anfang.

Mut-Talk – mutig kommunizieren

Wenn wir nicht nicht kommunizieren können, so wie es der Kommunikationspsychologe Paul Watzlawick sagte, dann brauchen wir jede Menge Mut zur Kommunikation. Kommunikation findet immer und überall statt. Kern einer jeden Kommunikation ist die Beziehung, ein in Beziehung zu anderen treten. Dabei ist es eine Herausforderung, mit den unterschiedlichen Wahrnehmungen und Wirklichkeiten der Kommunizierenden umzugehen. Ist mein Gegenüber bereit, sich für diese Information von mir zu öffnen? Soll ich lieber nichts sagen oder muss meine Wahrheit hier und jetzt ans Licht? Was ist geschwafelt, weggelächelt und hinter vorgehaltener Hand ausgesprochen? »Mutarme« Kommunikation hat sich in Unternehmen virusartig verbreitet. Es scheint einfacher zu sein, am Status Quo zu leiden, statt Klartext zu sprechen. Mutlose Kommunikation erkennen wir an eingebauten Kommunikations-Airbags: »Das wird sich mit der Zeit wieder auflösen« oder »Lass mal, das schafft zu viel Unruhe« oder »Lieber erst mal abwarten.« Mutig zu kommunizieren ist das A und O in Veränderungsprozessen. Wer will schon Fremderwartungsgehilfe oder *Change*-Bremse sein? Wir schaffen mittels mutiger Kommunikation Klarheit im Kopf, bei unserem Gegenüber und damit die Grundlage für die Ausrichtung unseres Handelns. Veränderung braucht eine klare Sprache: *Change*-Talk. Wer den Mut hat, klare Worte auszusprechen, belebt die so wichtige Tugend der Zivilcourage und beweist Konfliktfähigkeit. Sowohl Begeisterung als auch Verständnis können nur im Dialog stattfinden und entstehen. Dort entzündet sich dann ein Diskurs, der uns voranbringt. Mutige Kommunikation bedeutet also, aus seiner Komfortzone herauszutreten und Meinungen unmissverständlich, aber fair auszutauschen. Dabei nehmen wir mutig in Kauf, dass wir von unserem Gesprächspartner auch Ablehnung und Widerstand erfahren können. Mut in der Kommunikation heißt, unbequeme Antworten auszuhalten. Genau diese Fähigkeit brauchen wir, wenn wir uns entwickeln wollen. Es gibt keine erfolgreiche Veränderung ohne eine mutige Kommunikation, nicht im privaten Leben, nicht in den Unternehmen und nicht in unserer Gesellschaft. Jeder *Change* lebt von Diskursen und einer willkommen geheißenen Meinungsvielfalt. Leider ist zu beobachten, dass für sich widerstreitende Meinungen oftmals die Akzeptanz fehlt. Wie oft haben Sie in einem Meeting nicht den Mund aufgemacht, obwohl es dringend nötig gewesen wäre? Erlaubt die Kultur in Ihrem Unternehmen, dass Sie Ihrem Vorgesetzten unbequeme, aber dringend erforderliche Fragen stellen? Können Sie es aushalten, als Einzelner mit Ihrer Meinung aus einer Gruppe herauszutreten? Wie oft sagen Sie Ja und würden lieber Nein sagen? Oft wird vergessen, dass das Zuhören auch zu einer mutigen Kommunikation gehört. Schaffen Sie es, mutig zuzuhören, auch wenn Ihnen nicht gefällt, was Sie hören?

Auch ein Buch zu schreiben, erfordert Mut, denn dann kommuniziere ich, ohne Ihre Reaktionen, ohne Ihr Feedback zu erhalten und auf Ihre Ansichten eingehen zu können. Deshalb ist diese Form der Kommunikation für mich ein besonderer Akt des »Kommunikationsmutes«. Im Prozess des Schreibens musste ich mir immer wieder die Frage stellen: Warum tue ich, was ich tue? Warum schreibe ich dieses Buch und mache mich angreifbar und verletzlich? Mit der Antwort, kam auch mein Mut zum Weiterschreiben zurück. Auch ich lerne immer wieder, auf neuen Gebieten mutig zu sein. Im direkten Kontakt wiederum, braucht es den Mut, sich auf den Dialog oder Diskurs einzulassen. Schlimmstenfalls belastet uns das nicht ausgesprochene Wort mehr als das mutig gesagte. Mut in der Kommunikation kann aber auch bedeuten, nichts zu sagen. Wenn Mut und Sinnhaftigkeit in engem Zusammenhang stehen, dann bedeutet es mutig anzusprechen, was Sinn macht, was sinnvolle Veränderung bewirkt. Wenn ich beispielsweise Kritik übe, dann sollte sie unbedingt eine Veränderung bewirken können. Ansonsten ist es klug, eine Meinung für sich zu behalten. Warum sage ich, was ich sage? Welches Bedürfnis steckt dahinter? Auch das macht den Mut in der Kommunikation aus. Wie oft habe ich mich in den Zeiten der Covid-19-Pandemie gefragt: Was soll diese Information? Wozu dient diese Informationsfülle? Welchen Sinn macht es, Bürger über alle möglichen Medien Tag und Nacht über dieses eine und scheinbar einzige Thema zu informieren? Ist es Aufklärung? Ist es die Gier nach Leserzahlen und Quoten? Ja, auch das mag ein Kommunikationsziel sein. Oder sind es Unbedarftheit, eigene Unsicherheit und Ängste? Sicher trifft auch letzteres zu. Helmut Schmidt, der seit der Hamburger Sturmflut 1962 als *der* Krisenmanager gilt, sagte einmal, dass Information ein Bürgerrecht sei. Lügen seitens der Politik seien keinesfalls hinnehmbar. Doch Wahrheiten zum Schutz der Bürger nicht auszusprechen, ist mitunter dienliche Krisenkommunikation. Wie wahr! Es geht um die sinnvolle Kunst des Weglassens. Darum, Ängste einzudämmen und Panik zu vermeiden, wirtschaftlichen Angstreaktionen vorzubeugen, indem nicht alles ausgesprochen wird. Das gilt genauso für die Führungskommunikation. Auch hier geht es um die Sinnhaftigkeit der Kommunikation. Es ist nicht förderlich, Krisenängste zu schüren und angstgetriebenes Verhalten zu provozieren. Ich möchte ein Plädoyer für Mut in der Kommunikation geben. Grundsätze mutiger Kommunikation sind 1. zuhören zu können, 2. Klarheit über Fakten und die eigene Intension zu schaffen und 3. Haltung zu zeigen. Wegducken ist nur bei fehlender Klarheit erlaubt und sogar geboten. Ansonsten bitte mehr Courage.

Vom Mut, Erfolg und Arbeit neu zu denken

Immer mehr Menschen fühlen sich ausgebrannt oder sind mit ihrem Job unzufrieden, das berichten diverse Studien ausgewählter Agenturen und bestätigen die Gesundheitsreports der Krankenkassen. Macht uns Arbeit krank? Ich bin überzeugt, es ist nicht die Arbeit, die uns krank macht, weil es *die* Arbeit nicht gibt. Arbeit ist ein wahres Paradox zwischen Zumutung und Sinn. Mittels Arbeit verdienen wir Geld. Wir bekommen ein Äquivalent, um unser Leben bestreiten zu können. Arbeit ist jedoch viel mehr als nur ein Mittel zum Zweck, denn sie formt uns, lässt uns wachsen und sie stiftet Sinn. Übrigens leiden arbeitslose Menschen mehr am fehlenden *Wofür* als an ihren finanziellen Nöten. Arbeit als Teil unserer Identität gibt Antworten auf die Frage: Wer bist du? Diese Antwort symbolisiert den Platz, den wir in der Gesellschaft haben. Wenn wir über Arbeit sprechen, brauchen wir eine Idee, was »gute Arbeit« für uns ist. Die Frage nach der Bedeutung von »guter Arbeit« führt uns zur Individualität eines Menschen: Was ist »gute Arbeit« für Sie? Haben Sie den Mut, sich für diese »gute Arbeit« zu entscheiden, oder haben Sie sie von Ihrem restlichen Leben abgetrennt und ist sie für Sie nicht mehr als eine Geldquelle? Schmerzensgeld? Mit unserer Arbeit verbringen wir den Großteil unseres Lebens. Sie fordert uns oft heraus, erfüllt uns und stiftet unsere Identität. Mitten in einem epochalen Wandel diskutieren wir nun über sie. Wir dürfen und müssen sie mutig neu denken. Die Digitalisierung verändert unsere Arbeitswelten rasant, und es ist noch nicht klar, ist sie nun Bedrohung, Geschenk oder irgendetwas dazwischen? All die grenzenlosen technischen Möglichkeiten erlauben uns mehr Freiheit. Andererseits führen sie dazu, dass die alten Grenzen von Arbeit und Leben immer mehr verschwimmen. Wollen wir das? Bringt es Erleichterung oder nur Dauerstress? Ist es normal, im Urlaub am Laptop weiterzuarbeiten, auf der Grillparty die Mails zu checken oder abends auf dem Sofa in einem Online-Meeting zu sein? Viele Menschen laufen im Wechselspiel zwischen Freiheit und Überforderung hin und her. Das sind die Schattenseiten der

Freiheit. Zu viel davon macht den meisten Menschen Angst. Es ist wichtig, dass wir endlich intensiver über neue Gestaltungsformen in der Arbeitswelt sprechen. Der wissenschaftlich-technische Fortschritt wird so manchen Arbeitsplatz überflüssig machen, aber auch so manchen neuen bereitstellen. Verliert 50+ damit den Anschluss und geht uns für die Arbeitswelt verloren? Wie arbeiten zukünftig »Digital Natives« mit erfahrenen alten Hasen zusammen? Welche Bedeutung wollen wir der Arbeit auf persönlicher und auf gesellschaftlicher Ebene geben? Wie sieht nicht nur »neue«, sondern »gute« Arbeit von morgen aus? Ohne eine gesellschaftliche Diskussion können wir diese neue Arbeitswelt nicht mutig gestalten. Die digitale Welt kann uns überrollen und überfordern, wir können sie aber auch für eine bessere Welt und ein besseres Leben nutzen. Dazu brauchen wir eine Zukunftsvision von Arbeit, die wir erst noch entwickeln und über die wir sprechen müssen. Die Digitalisierung ist besser als ihr Ruf. Nicht die Digitalisierung bestimmt unsere Arbeitswelt, wir bestimmen, wie wir leben wollen! Im letzten Jahr habe ich zu diesem Thema mit einer Agentur einen Hackathon in Köln veranstaltet. Die Botschaft: Wir müssen Einfluss nehmen und die Rolle der Digitalisierung für unser Leben definieren. Ablehnung schürt die Unsicherheit und die Ängste der Menschen, dass in der digitalen Welt etwas passiert, was sich unserer Kontrolle entzieht. Und ja, es geht nicht darum alles digital zu machen, sondern das zu digitalisieren, was uns Sinn stiftet. Wir brauchen Offenheit und Vertrauen, um das Neue mutig zu denken und anzunehmen. Ganz sicher braucht es auch Mut, die eine oder andere Grenze zu ziehen. Neue Arbeit zu denken, reicht vom Schaffen angstfreier Kreativräume, neuen Arbeitsformen und von Coworking-Landschaften bis hin zu »Corporate Working«. Die Zukunft der Arbeit findet in Projekten statt und wird damit agiler, so wie sich Führung mit der fortschreitenden Agilisierung revolutionieren wird. Vielleicht arbeiten wir bald in Projektblöcken oder mit freier Zeiteinteilung statt in einer festen 40-Stunden-Woche zuzüglich ihrer Überstunden? Vielleicht verkürzt sich damit die Arbeitszeit, so dass mehr kreativer Lebensraum entsteht? Solche Freiräume könnten Zeit für Sozial- und Umweltprojekte freisetzen oder für die Entfaltung unserer Talente. Es ist ein herausforderndes und spannendes Projekt, generationsübergreifend über die »Arbeit der Zukunft« mutig nachzudenken. Nehmen wir es an! Was würden wohl die großen Philosophen der Arbeit von Hegel bis Marx zu unserer neuen Arbeitswelt sagen? Auf jeden Fall: Mut ist ein guter Anfang! Denken wir Erfolg und Arbeit neu.

Aus der Reihe tanzen: Ich trau mich einfach

> *Das habe ich noch nie vorher versucht, also bin ich sicher, dass ich es schaffe.*
>
> *(Pippi Langstrumpf)*

Ich trau mich einfach, weil ich darauf vertraue, dass ich es schaffen werde. Pippi Landstrumpf geht mit gutem Beispiel voran. Was mich betrifft, ich bezweifle, dass ich ein übermütiger Mensch bin. Ich habe mich aber trotz aller möglichen Ängsten immer für das entschieden, wovon ich geträumt habe und wofür mein Herz schlug. Mich neugierig Lernaufgaben zu stellen, ist mein Lebenselixier. Und dennoch, hatte ich genauso oft Angst. Die Kunst bestand darin, aus vorgefertigten Konzepten auszubrechen. Es gibt keine Erfüllung jenseits der eigenen Lebensspur. Wenn ich in meine Kindheit zurückblicke, sehe ich heute, wie ein lebendiges, kreatives Kind im Laufe der Schulzeit zu einer angepassten, braven Schülerin wurde, mit besten Schulnoten und jeder Menge Medaillen im Sport. Für meine Eltern war ich ein Vorzeigekind und sie waren sichtbar stolz. Irgendwann später entschied ich mich, eine Rebellin zu sein und begann mein eigenes Ding zu machen. Aus der Angepasstheit herauszutreten, fiel mir nicht wirklich leicht. Es ist ein Konflikt zwischen den wahrgenommenen Erwartungen von außen und dem inneren Wesenskern, der fürchtet, angegriffen und verletzt zu werden. Ich mache es trotzdem, ist meine Antwort an das Leben. Seien auch Sie mutig, Sie selbst zu sein. Treten Sie für Ihre Sehnsüchte an. Ich hörte schon mit 14 Jahren lieber Udo Lindenberg statt die angesagten Hitparadensongs. Udos Song *Ich mach mein Ding* gab es damals zwar noch nicht, aber ich lebte diese Philosophie bereits in meiner noch kleinen Welt. Inzwischen sind Udos Songs in den Hitparaden, doch er lässt sich nicht verbiegen und macht weiterhin sein Ding. Vielleicht bin ich ihm und seiner Musik genau deshalb treu geblieben. Udo ist ein Rebell. Leben Sie lieber Ihr eigenes Leben unperfekt als das eines anderen perfekt. Manchmal müssen wir dazu aus der Reihe tanzen und die Meinungen der anderen, den Mainstream, links liegen lassen. Jede Zeit hat ihre individuellen Lebenskonzepte, und wie schnell passiert es, dass wir uns in einem solchen Konzept statt in unserem Leben wiederfinden? In der Masse sind wir zwar nicht sichtbar, aber wir dürfen uns sicher fühlen. Sich zu trauen, man selbst zu sein, das eigene Leben, mit allen Risiken zu leben ist eine Entscheidung, die wir immer wieder neu fällen müssen. Sie setzt voraus, dass ich eine Ahnung davon habe, was ich wirklich will. Und das ist gar nicht so einfach in dieser multioptionalen Welt. Egal wie viele Möglichkeit da draußen auf uns warten, egal was Menschen links und rechts von uns tun, es hat zunächst nichts mit Ihnen zu tun. Wir müssen wieder lernen, auf unsere eigene Stimme zu hören. Hören Sie auf sich und packen Sie Ihr Leben an. Steve Jobs hat es auf seiner Stanford Rede in sehr berührende Worte gefasst:

> Ihre Zeit ist begrenzt, also verschwenden Sie sie nicht damit, das Leben eines anderen zu leben.
> Lassen sie sich nicht von Dogmen in die Falle locken.
> Lassen Sie nicht zu, dass die Meinungen anderer Ihre eigene innere Stimme ersticken. Am wichtigsten ist es, Ihrer inneren Stimme und Intuition mit Mut zu folgen. Alles andere ist nebensächlich.

Also: Augen auf und aus der Reihe tanzen!

Infektionsgefahr: »Mutausbrüche«, das Projekt zur Anstiftung zu mehr Mut

*Alles Glück der Welt entsteht aus dem
Wunsch, dass andere glücklich sind.*
(Shantideva)

Es ist wundervoll, wenn aus einem Impuls etwas Greifbares entsteht. Nachdem ich mitten aus meiner persönlichen Krise 2016 meinen Podcast »Mutausbrüche« startete, habe ich mit mehr als 100 Menschen über Mut sprechen dürfen. Die Geschichten erzählen auf unterschiedlichste Weise, wie wir es schaffen können, voller Mut Dinge zu wagen, für die wir brennen. Es sind aber auch Schicksalsgeschichten von Stehaufmännchen und Beschreibungen, wie man seinen Alltag auch unter schwierigen Umständen mutig meistern kann. Einen großen Teil dieser Gespräche gibt es als Podcast-Interviews. Interviewt habe ich Menschen aus Wirtschaft, Politik, Kunst und Kultur und Sport. Es sind Menschen mit einer hohen medialen Reichweite, aber auch solche, die in der öffentlichen Welt unsichtbar sind. Für mich sind alle diese Menschen auf ihre Art Mutanstifter. Wir erfahren, wie der eine oder andere auf seine ganz individuelle Art zu Mut gefunden hat. Und wie Sie natürlich wissen, macht der Mut des einen dem anderen Mut. Es ist wichtig, dass wir Menschen sichtbar machen, die uns Ermutigung geben, um selbst etwas zu wagen. Dabei wird jeder Mensch von einem anderen Menschen berührt und inspiriert.

Zur Geschichte der Mutausbrüche gehört die Zugfahrt nach der Beerdigung meiner Großmutter zurück nach Hamburg. In meinem Kopf war alles zwischen Verlust, Trauer und der Angst vor der anstehenden Krebs-OP in der kommenden Woche. Dazwischen ploppte unaufhörlich die Frage auf: Wie geht eigentlich Mut? Innerhalb wie vieler Beratungsprojekte hatte ich fehlenden Mut in Veränderungsprozessen beklagt? Eine persönliche Erfahrung kann alles verändern. Ich schrieb während dieser Fahrt nahezu ein Notizbuch voll. Was daraus entstand, war die Idee meiner Mutinitiative »Mutausbrüche«. Die ersten Podcasts produzierte ich noch aus dem Bett, frisch nach der OP. Ich war vom Thema infiziert und nach einem Jahr hatte ich nicht nur aus den Podcasts und meiner Mutumfrage viele Ideen geschöpft, wie Mut funktioniert, sondern auch unheimlich viel Material gesammelt. Jedes dieser Mutinterviews habe ich detailliert ausgewertet, wie auch eine zusätzliche Mutumfrage, die ich auf meine Webseite gestellt habe. Aus der Auswertung entstanden die sieben Mutquellen, die ich in diesem Buch vorgestellt habe und die inzwischen zur Basis meiner Beratungs- und Rednertätigkeit wurden. Es wurde weit mehr Material, als ich es in Podcast-Folgen oder in meinem Blog dokumentieren konnte. Als ich nach einem Vortrag gefragt wurde, warum ich kein Buch über Mut schreibe, sagte ich, dass sei eine gute Idee. Dass es dann doch noch knapp drei Jahre lang dauerte, lag nicht nur an der Fülle des Materials, welches geordnet werden musste, sondern an meinem eigenen Mut. Mutausbruch ist das Thema, welches mir am Herzen liegt und das gleichzeitig meinen eigenen Mutausbruch umfasst.

Mit diesem Buch ist das Thema der Mutanstiftung für mich keinesfalls abgeschlossen. Ich möchte weiterhin Menschen in unserer Gesellschaft zu mehr Mut anstiften. Neben der Vorfreude auf neue Interviewpartner freue ich mich auf viele neue Projekte, die der Idee, mit Mut anzustiften, entspringen. Da sind die Mut-Hackathons zu aktuellen Mutthemen, die in den Startlöchern darauf lauern, dass es weitergeht, und es gibt Impulstage. Ich freue mich auf alles, was kommt und auf das, was Menschen, wenn sie sich gegenseitig stärken, erreichen können. Wenn mir jemand sagt, dass es naiv sei, zu glauben, dass sich die Welt ändern kann, dann *kann* es stimmen. Doch was ist, wenn wir es versuchen und es klappt? Ein *What if?* malt nicht nur ein Bild von der Zukunft, es gibt uns Zuversicht mit auf den Weg. Negative Informationen gibt es medial genug. Jede positive Meldung macht einen Unterschied. Ich freue mich, wenn viele Menschen meine Podcasts hören mögen und den Mut in die Welt tragen. Für die, die nicht so gerne hören, gibt es meinen Blog.

Mutanstifter im Interview

In meinen Podcasts rede nicht nur ich über Mut, sondern stelle ich immer wieder Mutanstifter vor. Das sind Menschen, die sich etwas trauen, die scheitern und wieder aufstehen, die Mut als eine Triebkraft zwischen Zweifel und Hoffnung erleben und nutzen. Hier sind 5 dieser Mutanstifter stellvertretend im Kurzportrait. Wenn Sie Lust auf mehr Inspiration haben, dann hören Sie sich unbedingt auch ihre Podcast-Interviews an:

Kat Wulff

Kat hat eine besondere Verbindung zu meinem Mutprojekt. Sie hat mir ihren Song *Denk über dich hinaus*, ein Mutmach-Song, der ins Blut geht, als Trailer-Song für meinen Podcast »What if? Mutausbruch – Vom Mut zur Veränderung« geschenkt. Herzlichen Dank, liebe Kat. Kat ist mit ihrer mutigen Kreativität nicht nur ein Vollblutweib, sondern eine echte Mutanstifterin.

Wer?
Kat Wulff, Sängerin, Songwriterin, Stimmtrainerin, Speakerin, Autorin und Mutter eines einjährigen Sohnes. Fische-Sternzeichen trifft auf Steinbock-Aszendent, eine kreative Seele, gradlinig und bodenständig.

Wohnhaft in Hamburg, geboren und aufgewachsen im ländlichen Westfalen, hieß schon der elterliche Leitsatz »Mach was Ordentliches«. Herausgekommen ist eine (bisher) 20-jährige Laufbahn als Künstlerin mit »*no regrets*«, vielen Lern- und Entfaltungsmöglichkeiten, der ein oder anderen Achterbahnfahrt und einem nie endenden Schaffensdrang.

Was?
Kat singt, schreibt Songs, gibt Stimmworkshops und konzipiert Musik- und Bildungsprojekte. Kat begeistert auf der Bühne mit starker Stimme und Präsenz, hinter der Bühne liebt sie es, Jung und Alt bei der Entfaltung ihrer Stimme zu unterstützen.

Woher nehme ich meinen Mut?
»Zum einen habe ich offenbar eine positive und optimistische Grundhaltung. Zudem habe ich diesen ›Mutmuskel‹ in den letzten Jahren bewusst genährt, durch Meditation und indem ich mich immer wieder neu herausgefordert und gemerkt habe, ›Ach so, ist ja gar nicht so schlimm.‹ Grundsätzlich bin ich ein Mensch der kleinen, aber stetigen Schritte, große Brüche mit ›plötzlichen Mutanfällen‹ gibt es bei mir nicht. Aber auch kleine Schritte führen ja bekanntlich zu großen Veränderungen.«

Mein (größter) Mutausbruch?
»Das war sicherlich das Mutterwerden. Da war ich mit einigen Ängsten behaftet: Kann ich das, überlebe ich die Geburt, ist das Kind gesund, was wird aus meinem Job und wie entwickelt sich meine Beziehung durch den Nachwuchs? Während der Schwangerschaft habe ich mir sehr bewusst die Zeit genommen, um mich vorzubereiten und mir mein ideales Leben mit Kind auszumalen. Und tatsächlich ist es (abgesehen von dem alltäglichen normalen Chaos mit Kind) wirklich so geworden und dafür bin ich unendlich dankbar.«

Was würde ich wagen, wenn ich wüsste, ich könnte nicht scheitern?
»Dann würde ich mich sofort parallel als digitale Unternehmerin aufstellen und mein ›Ganzheitliches Stimmtraining‹ als Online-Kurs mit Volldampf in die Welt bringen. Dann würde ich alles geben, um als Solokünstlerin durchzustarten – ohne Zweifel und egal, ob ich gut oder jung genug bin und ob Erfolg vereinbar ist mit privatem Glück und meiner Verantwortung als Mutter. Dann würde ich mit Mann und Kind in ein Haus ins Grüne ziehen.«

Wofür sollten wir gesellschaftlich Mut kultivieren?
»Ich wünsche mir mehr Mut und Konsequenz im politischen Handeln und mehr Flexibilität und Selbstverantwortung bei jedem Einzelnen. Warum nicht das Bildungssystem reformieren und gehirngerechter gestalten, sodass Kinder und Jugendliche tiefergehendes Wissen und bleibende Erfahrungen sammeln können, anstatt im 45-Minuten-Takt von Fach zu Fach wechseln zu müssen?

Warum nicht das bedingungslose Grundeinkommen probieren und damit einhergehend von jedem Bürger einen Beitrag zum gesellschaftlichen Leben einfordern? Das würde den Horizont jedes Einzelnen erweitern und den Zusammenhalt stärken!«

Oliver Schmidt

Oliver ist für mich *das* Abbild des modernen Unternehmers, Multipreneur und dazu ist er ein total sympathischer Typ. Seine Mitarbeiter wissen die vertrauensvolle Führung ihres Chefs und seine Leidenschaft für das Hotel nicht nur zu schätzen, wer im The Grand arbeitet, dem geht es in Fleisch und Blut über. Woher ich das weiß? Weil ich seit vielen Jahren in diesen schönen Ort und in das Hotel verliebt bin.

Wer?
Oliver Schmidt, er wäre kein typischer Hoteldirektor, liest man immer wieder über ihn. Warum? Harley, Tattoos, lange Haare, Rauschebart und ein cooles, entspanntes Auftreten sind das, was man zuerst von ihm sieht. Über dieses charmante Klischee hinaus ist Oliver ein echter Machertyp mit innovativem Führungsstil.

Was?
Geschäftsführender Gesellschafter der The Grand Management GmbH und leidenschaftlicher Multipreneur. »Fervor« ist nicht nur Schriftzug eines seiner Tattoos, es ist sein Leben.

Woher nehme ich meinen Mut?
»Aus der tiefen Überzeugung, das mit der Leidenschaft der Erfolg kommt. Und ich kennen meinen Antrieb und das, was mich glücklich macht. So habe ich keine Angst, etwas Materielles zu verlieren. Das macht mir Mut.«

Mein (größter) Mutausbruch?
»Die Übernahmen des ersten Hotels in Ahrenshoop. Damals war das heutige The Grand noch Kurhaus. Der Kampf mit den damaligen Mitgesellschaftern und der daraus wachsenden Verantwortung.« (Randbemerkung: Oliver ist absoluter Quereinsteiger. Ein Hotel kannte er bestenfalls als Gast.)

Was würde ich wagen, wenn ich wüsste, ich könnte nicht scheitern?
»Ich denke nie ans Scheitern!«

Wofür sollten wir gesellschaftlichen Mut kultivieren?
»Für mehr Selbstständigkeit und dafür, Verantwortung zu übernehmen.«

Antje Blumenbach

Antje ist erfolgreiche Unternehmerin und Netzwerkerin mit Herz. In Lüneburg ist ihre »Provinzperle« schon lange kein Geheimtipp mehr.

Wer?
Antje Blumenbach, 50 Jahre alt, 3 Kinder und einen Wauz. Gelernte Hotelfachfrau mit internationaler Erfahrung und Seefahrerzeit (Kreuzfahrtschiff). Was sie von sich sagt: Hochgeputzt...

Was?
Die Perle ist ein Wein-Concept-Store mit handgemachten Pfälzer Weinen und vielen schönen Dingen für die Küche und das Zuhause.

Hinzu kommen eigene Veranstaltungen (Hühner-Abende, Vernissagen, Märkte und Co.) Des Weiteren bietet sie einzigartiges Catering für Veranstaltungen außer Haus an und kümmert sich von A–Z um ihre Gäste, die sie glücklich macht und deren Augen sie leuchten lässt.

Woher nehme ich meinen Mut?
»Aus der Tatsache, dass nichts zu tun, einen nicht weiterbringt. Etwas zu tun, gibt mir Zuversicht und am Ende kann ich für mich sagen: Wenn ich scheitern sollte, habe ich es aber wenigstens versucht. Neues auszuprobieren, kann mich sehr motivieren.«

Was würde ich wagen, wenn ich wüsste, ich könnte nicht scheitern?
»Ich würde ein eigenes Hotel, einen Ort der Begegnung, eröffnen. Das Konzept steht!«

Wofür sollten wir gesellschaftlich Mut kultivieren?
»Wir sollten jeden ermutigen, an seine Träume und Ideen zu glauben. Deutschland, das Land der Dichter und Denker. Wenn wir andere ermutigen, würden vermutlich noch viele, unfassbare tolle Ideen entstehen und Kreativität freigesetzt. Und: Wir sollten das Scheitern als etwas anderes ansehen, als es leider sehr oft getan wird!«

Antonio Alonso

Antonio überrascht mich immer wieder aufs Neue. Ängste können ihn nicht aufhalten. Er wächst beständig an neuen Mutausbrüchen. Dazu kann ich viele Geschichten erzählen und Sie können sie im Mut-Podcast hören.

Wer?
Antonio Alonso Andrade, Künstlername Toni Gambon, Deutsch-Spanier, wohnhaft in Hamburg.

Was?
»Als Multipreneur nutze ich alle meine Fähigkeiten vom Networker, Sänger, Autor, Coach und Speaker, um Gelegenheiten im Leben zu erkennen und sie gemeinsam in Teamwork umzusetzen. Als leidenschaftlicher Networker ergreife ich die Chance, Menschen miteinander zu verbinden, damit auch sie ihre Träume verwirklichen. Als Sänger möchte ich die Menschen berühren, damit sie einen glücklichen Moment erleben. Als Autor verbinde ich mich als Erwachsener mit Kindern, um sie besser auf die Zukunft vorzubereiten. Als Coach bin ich der Spiegel für Menschen, die ihre hinderlichen Glaubenssätze in eine positive Weltsicht verändern mögen, damit sie ein glücklicheres Leben führen. Als Speaker erzähle ich von meinen Erfahrungen, um Impulse dafür zu setzen, mehr auf sich zu vertrauen.«

Woher nehme ich meinen Mut?
»Meinen Mut nehme ich zunächst aus meinen Werten: Bewusstheit, Lebensbejahung, Hilfsbereitschaft, Neugier und Ehrlichkeit. Ich schöpfe ihn aber auch aus meinen Bedürfnissen und Erfahrungen, wie zum Beispiel mir meiner eigenen Größe bewusst zu werden und mir zu vertrauen.

Mut entsteht für mich außerdem aus der Dankbarkeit gegenüber meinen Freunden, die mich auch in schweren Zeiten unterstützt haben. Der Grund, wofür ich jeden Morgen aufstehe, ist meine Lebensphilosophie zu leben: Spaß, Liebe und Schöpfung.«

Was würde ich wagen, wenn ich wüsste, ich könnte nicht scheitern?
»Mein größter Mutausbruch war zu erkennen, was meine wahren Lebensziele sind. Als Multipreneur ist es in dieser Gesellschaft herausfordernd, sich auf den Weg zu machen und ihn beharrlich weiter zu gehen. Da ich jetzt weiß, dass ich nur gewinnen kann, warte ich auf die nächste Inspiration.«

Wofür sollten wir gesellschaftlich Mut kultivieren?
»Ein kluger Mann namens Dr. Nevarez hat mir mal gesagt, der größte Schatz der Menschheit liegt ungenutzt auf den Friedhöfen dieser Welt. Ich würde mir wünschen, dass wir in Europa das Scheitern in einen positiven Kontext stellen und dass wir den Mut unserer Kinder stärken, das Leben vielfältiger und angstloser zu erfahren.«

Maren Brandt

Marens Gründung des nachhaltigen Labels »Make Montag Sunday« ist von außen betrachtet ein wahrer Senkrechtstart. Im Interview erzählt sie ehrlich von den Hürden, die sie umschiffen musste, und wie sie immer wieder zu neuem Mut und zu Erfolg gefunden hat. Maren verkörpert Mut aus tiefem Herzen und eine große Vision.

Wer?
Als gebürtige Hamburgerin wohnt Maren Brandt heute 6 km südlich von Lüneburg. Sie ist Mutter von drei Kindern, Bekleidungsingenieurin und Inhaberin von marenbrandt CLOTHING ENGINEERING, einer internationalen Agentur für textile Produktentwicklung und Produktion mit der Ausrichtung auf nachhaltige, europäische Lieferketten.

Mit 12 Jahren bekam sie von ihrer Oma eine Nähmaschine geschenkt. Maren liebte schon damals das Geräusch von Stoffen beim Zuschnitt, den unterschiedlichen Griff der verschiedenen Materialien, das Rattern der Nähmaschinen und den Anblick von Stoffbahnen beim Ausrollen. Ihr Weg führte sie nach ihrem Studium, das sie als Mutter absolvierte, sehr erfolgreich ins Qualitäts-, Nachhaltigkeits- und Produktionsmanagement der internationalen Bekleidungsindustrie, aber Oma fragte bis zu ihrem Tod: »Kind, was macht die Näherei?« Es war schwer, ihr die schnelllebigen, globalen Zusammenhänge der Modebranche zu erklären und begreiflich zu machen, wie weit weg das, was Maren tat, von dem war, was sie ihr zu Lebzeiten beigebracht hatte.

Was?
»Mit der Gründung meines eigenen Labels ›Make Monday Sunday‹ und dem Aufbau einer eigenen, regionalen und integrativen Produktion im Herzen von Lüneburg komme ich wieder zurück zu meinem Ursprung und der Kreis schließt sich. Meine Liebe zum kleinsten Detail, die Auswahl hochwertigster, ökologischer Materialien, das Design und die Schnitterstellung in den eigenen Händen zu führen sowie lokale und soziale Produktionsstrukturen vereinen sich nun mit 18 Jahren Industrieerfahrung und zeigen, dass Bekleidung auch ohne ausbeuterische, globale Lieferketten hergestellt werden kann. Oma hätte ihre Freude daran!«

Woher nehme ich meinen Mut?
»Meinen Mut nehme ich aus dem eigenen Erfahrungen des Scheiterns und aus dem Bewusstsein, dass die Welt dadurch auch nicht untergeht! Ich setze Erfolg nie selbstverständlich voraus, sondern stehe immer ganz demütig und voller Dankbarkeit vor dem, was wirklich gelungen ist. Das Leben ist ein ständiger Entwicklungsprozess und ich darin ein Mensch, der Lösungen sucht und Chancen sieht. Dabei bin ich sowohl im beruflichen als auch im privaten Umfeld sehr von meinen inneren Grundwerten getrieben. Sie sind der tägliche Motor für mein Handeln. Ich stelle mir immer wieder die Fragen: Wem nützt, was ich tue? Könnte es wohlmöglich jemanden schaden? Wo ist der gesellschaftliche Mehrwert? Ich mag kein Blendwerk und keine Mogelpackungen, schätze Transparenz und Ehrlichkeit. Ich bin davon überzeugt, dass nachhaltiges Handeln auch zu wirtschaftlichem Erfolg führt und nicht in Konkurrenz dazu steht. So naiv es auch klingen mag, ich möchte in meinem Einflussbereich und im Rahmen meiner begrenzten Möglichkeiten als Individuum diese Welt zu einem schönen und lebenswerten Ort machen. Wenn mir das hin und wieder gelingt, bin ich glücklich. Mehr braucht es nicht. Ruhe und Kraft finde ich besonders in herausfor-

dernden Zeiten in meiner morgendlichen Yogapraxis. Ich liebe den frühen Morgen, wenn alles noch ganz frisch und unverbraucht ist und der Tag mit vielen, neuen Möglichkeiten vor mir liegt. Der Morgen macht Mut. Alles auf Null. Täglicher Neuanfang.«

Mein (größter) Mutausbruch?
»Ich denke, mein größer Mutausbruch war wohl die Entscheidung als alleinerziehende Mutter ein Ingenieursstudium zu beginnen und daran trotz Rückschlägen und finanziellen Durststrecken festzuhalten. Dass ich dieses Studium, trotz durchwachter Nächte, Windelwechsel und Kinderkrankheiten, als Jahrgangsbeste abschloss, erfüllt mich so sehr mit Stolz und Dankbarkeit meinen Kindern gegenüber, die diesen Weg zwangsläufig mitgehen mussten. Es zeigt, was wir alles schaffen können, wenn wir nur wollen. Ein Menschenleben ist nicht vorprogrammiert, nicht stereotyp, es darf mutig gestaltet werden auch entgegen aller gesellschaftlich vorherrschenden Vorurteile.«

Was würde ich wagen, wenn ich wüsste, ich könnte nicht scheitern?
»Ich wage erst in dem Augenblick, in dem mir bewusst ist, dass das Scheitern ein unverzichtbarer Teil des Wagnisses ist. Ein möglicher Ausgang von vielen. Ohne Scheitern, kein Wagnis. Erst die Möglichkeit des Scheiterns, lässt mich sorgsam, aber mutig Dinge angehen. Meine lokale Bekleidungsproduktion ist sicher ein großes Wagnis. Ob ich damit scheitern kann? Sicherlich. Ob es mich davon abhält weiter meine Ideen zu einer besseren, sozialeren und ökologischeren Wirtschaftsweise zu verfolgen? Bestimmt nicht!«

Wofür sollten wir gesellschaftlich Mut kultivieren?
«Als Gesellschaft sollten wir dringend eine Mutkultur entwickeln, die die vorherrschende Angst der Individuen ersetzt und Einheit schafft. Einheit entsteht immer dort, wo wir uns Neuem gegenüber mutig öffnen, Angst vor Unbekanntem ablegen, Arroganz durch Neugier ersetzen und uns in Toleranz üben. Nur zusammen sind wir eine Gesellschaft – bunt und divers.«

Mein Dankeschön gilt allen Interviewpartnern & Unterstützern meines Mutprojektes.

Zu den Podcast-Interviews aller Mutanstifter gelangen Sie über meine Website: *https://www.simone-gerwers.de*
Dort gibt es alle Links zu verschiedenen Podcast-Kanälen und zu meinem Blog. Wenn Sie selbst Mutanstifter werden möchten oder jemanden kennen, der es unbedingt sein sollte, dann melden Sie sich gern bei mir. Ich freue mich über Austausch und Impulse rund um das Thema Mut!

SCHLUSS

#WHATIF? – »GERMAN MUT« ODER MUT ALS HALTUNG

... die Schönheit unseres Planeten, die kurze Spanne unseres Lebens, unsere unendlichen Möglichkeiten, den Traum von Freiheit. Das ist der Rahmen, in dem wir uns bewegen: eng genug, um einen Druck zu erzeugen, der uns antreibt, aber zugleich so unendlich groß, dass nichts unmöglich scheint.[16]

Mut macht glücklich. Es gibt keine andauernde Freude, Erfüllung oder auch Glück, die irgendwelchen Besitztümern entspringen würde. All dies wurzelt einzig in unserem Handeln. Wenn Sie mit Ihrem Mut trotz Ihres Mutmuskeltrainings und Ihren Vorbildern einmal wieder hadern, dann erinnern Sie sich bitte daran:

1. Erlebnisse bleiben nicht nur als kostbare, sondern als selbststärkende Erfahrungen zurück. Wir können jederzeit auf sie zurückblicken und neuen Mut schöpfen.
2. Sie sind die Summe dessen, was Sie tun. Materieller Besitz ist vergänglich, was wirklich bleibt, sind bedeutsame Erinnerungen von der ehrenamtlichen Unterstützung im Hospiz, der

---

16 In: *Umdenken*, Edition Brand eins, 2. Jg., Heft 6, 2019, S.7.

Flüchtlingshilfe, der mutigen Gründung eines Unternehmens oder auch der Solidarität mit schwachen Menschen in der Krise. Wir entdecken dabei, wer wir wirklich sind und erfinden uns neu. Das ist eine wertvolle Investition in den Zukunftsmut.
3. Jedes Wagnis schafft Erfahrung, die unseren Lernprozess befördert und uns in unserer persönlichen Entwicklung wachsen lässt. Aber nicht nur das, wir erweitern unsere Kompetenzen und dehnen unsere Komfortzone aus. Damit eröffnen sich neue Horizonte für ein erfülltes Leben.
4. Ein Hoch auf die Gemeinschaft. Bindungen verstärken sich durch gemeinsame Unternehmungen. Geschichten, die wir zusammen schreiben, verbinden und stärken das Wir-Gefühl und geben uns nachträglich Halt.
5. Seien Sie Sie selbst. Sie sind einzigartig, deshalb macht es keinen Sinn, Sie oder Ihr Unternehmen mit anderen zu vergleichen. Wenn wir uns für unseren Weg entscheiden, uns *selbstbewusst* sind, dann erkennen wir unseren *Selbst-Wert*. Daraus erwächst wahre Stärke.
6. Aus der Reihe zu tanzen, aus dem Alltag und dem Mainstream auszubrechen, gehört zur Kunst eines erfüllten Lebens. Neugierig das Leben zu entdecken, lockt unseren Mut zur Veränderung. Laden wir also voller Neugier die Umwege und Abweichungen ein und erschaffen wir Begeisterung.
7. Mut ist jetzt. Im Jetzt präsent zu sein, erdet und schafft Mut. Gestern ist vorbei und Angst ist ein Konstrukt der Zukunft. Das Leben ist, wie der Mut, jetzt. Das zu üben, verhilft uns zu bewussten Augenblicken und starken Erfahrungen.

Meine Großmutter starb genau an dem Tag im Juli 2015, als ich meine Krebsdiagnose bestätigt bekam. An die Erschütterung erinnere ich mich noch so genau, als ob es gestern gewesen wäre. Ich hatte von einem Moment auf den anderen das Vertrauen in das Leben verloren. So schnell konnte das Leben also die Seiten wechseln?! Ich bin zutiefst dankbar dafür, dass ich meinen Mut ziemlich schnell wiedergefunden habe. Er kam nicht von ungefähr. Es war der Mut, der in meinem Inneren bereits gepflanzt war, den mir meine Großeltern vorgelebt hatten und von dem ich zu der Zeit noch gar nichts wusste. Und es war der Mut, den ich aus all den vielen Interviews schöpfte. Nach dem Schock, all der Trauer, der Wut und den vielen Ängsten, erwuchs in mir eine kraftvolle Klarheit. Ich wusste plötzlich sehr genau, was ich wirklich wollte und was ich tun, aber auch lassen würde. Mein Leben bekam damals einen längst überfälligen »*Relaunch*« auf das Wesentliche. Die Angst lief noch lange mit mir mit. Ich habe mich bis heute nicht mit ihr angefreundet, aber auch nicht gegen sie angekämpft. Mit all meinem Mut habe ich sie angeschaut und mir versprochen, sie wird mich bei nichts aufhalten. Manchmal erwischt sie mich wieder, doch ich halte Stand und schaue hin. Denn: »Am Ende wird alles gut, und wenn es nicht gut ist, dann ist es noch nicht das Ende.« – der Lieblingsspruch meiner Großmutter, den ich in meinem Herzen trage, ist immer dabei. Genauso wie es der Schmetterling als Symbol des Wandels mit dem Spruch »*Make that Change*« auf meinem rechten Unterarm ist. Hier hat mich die Musik in Form eines wundervollen Songs von Michael Jackson beflügelt. Ein Schmetterling als mein Lebenssymbol, vielleicht aber auch als eine Selbstverpflichtung. Ohne meine Erfahrungen hätte ich sicher nie dieses Buch geschrieben, nie mit all den mutigen Menschen gesprochen und so viel über den Mut und das Leben gelernt. Heute bin ich dafür sehr dankbar. Wer sich an die Moderatorin Nina Ruge und ihre Sendung *Leute heute* erinnert, kennt sicher noch ihre allabendliche Verabschiedung: »Alles wird gut.« Alles wird gut, ist die Kraft, die unserer aktiven Hoffnung entspringt. Erinnern Sie sich: Irgendwann sind wir alt und wir schauen auf ein gelungenes Leben zurück. Was für ein Leben habe ich gelebt? Was an diesem Leben hat mich und andere erfüllt?

***Man sollte viel öfter einen Mutausbruch haben.* Mindestens einen.**

Ich freue mich, wenn Sie meine Zeilen zu etwas mehr Mut und zu Veränderungen beflügeln. Wussten Sie, dass ein einziger Flügelschlag eines Schmetterlings ausreicht, um das Klima am anderen Ende des Kontinents zu verändern?

Nur Mut!

Herzlich,
Ihre Simone Gerwers

DANKE SAGEN MACHT GLÜCKLICH

Danke, dass Sie mit dem Lesen dieses Buches mit mir auf eine Reise zu mehr Mut aufgebrochen sind. Es hat mich glücklich gemacht, dieses Buch schreiben zu dürfen. Dass ich diesen Weg mutig gegangen bin, dafür möchte ich vielen Menschen danken. Dankbar bin ich Euch, mit denen ich über das Thema Mut reden durfte und die ihr mir voller Vertrauen Eure berührenden Geschichten anvertraut habt. Was mich immer wieder aufs Neue ermutigt hat, sind der Austausch und das Feedback meiner Podcast-Hörer und Blog-Leser sowie die Diskussionen nach meinen Vorträgen. »Augen auf und tanzen« und Deine liebevollen und ermutigenden Worte, liebe Greta Andreas (Agentur Golden Gap), entspringt unseren Gesprächen. Du bist mir inzwischen eine Freundin geworden. Danke, lieber Gregory Zäch, für das Vertrauen, das Du mir geschenkt hast, und dass Du dieses Projekt ermöglicht hast. Ich danke meiner wundervollen Lektorin Friederike Römhild für die fruchtbare und wertschätzende Zusammenarbeit.

Von ganzem Herzen danke ich meinen Lieblingsmenschen. Danke an Dich, liebe Josi. Es macht mich stolz, so eine wundervolle Tochter zu haben, die inzwischen eine mutige, kritische Sparringspartnerin für mich geworden ist. Danke, lieber Udo, dass Du mir den Rücken stärkst und immer an mich glaubst. Ich freue mich, mit Dir mutig das Leben weiterzudenken.

BIBLIOGRAFIE

Zeitschriften

Lau, Peter, *Wie komme ich voran, Umdenken*, in: Edition Brand eins, Brand eins Medien AG, Heft 6, 2019. S. 6-7.

Lau, Peter, Wilstorff, Maren, *Was kann Dir schon passieren, Risiko*, in: Edition Brand eins, Brand eins Medien AG, Heft 5, 2019. S.156-157.

Vasek, Peter, Wer nicht wagt, ist tot, in: Hohe Luft, Philosophie Zeitschrift, Ausgabe 6, 2013. S. 21

Monografien

Brown Brene, *Verletzlichkeit macht stark,* Kailash 2013.

Chade-Meng Tan, *Search Inside Yourself,* Ariana 2012.

Gigerenzer, Gerd, *Risiko,* C. Bertelsmann 2013.

Gonzalez, Maria, *Mindful Leadership,* John Wiley & Sons 2012.

Grün, Anselm, *Menschen führen – leben wecken,* Vier-Türme 1999.

Hanson, Rick und Mendius, Richard, *Das Gehirn eines Buddha,* Arbor 2010.

Hofert, Swenja, *Mindshift,* Campus 2019.

Horx, Matthias, *Zukunft wagen,* Pantheon 2015.

Hüther Gerald, *Was wir sind und was wir sein könnten*, S. Fischer 2018.

Knapp, Nathalie, *Der unendliche Augenblick, Warum Zeiten der Unsicherheit so wertvoll sind*, Rowohlt 2017.

Kotter, John P., *Leading Change*, Vahlen 2011.

Lotto, Beau, *Anders sehen, Die verblüffende Wissenschaft der Wahrnehmung*, Goldmann 2018.

Reinhard, Rebekka, *Odysseus oder Die Kunst des Irrens*, Ludwig 2010.

Seligmann, Martin, Prof. Dr., *Flourish, Wie Menschen aufblühen*, Kösel 2012.

Storch, Maja, *Das Geheimnis kluger Entscheidungen*, Piper 2011.

Thum, Gracia, *Mut zur Veränderung, Klarheit Entscheidungsstärke Wirksamkeit*, Business Village 2017.

Tobler, Sybille, *Veränderungen wagen und gewinnen*, Klett-Cotta 2009.

ANHANG

QR-Code Onlinetraining speziell für Leser
What if? Mutausbruch – Vom Mut zur Veränderung
Mut kann man lernen. Starten Sie im Onlineprogramm mit einem extra Rabatt.

QR-Code-Podcast *What if? Mutausbruch* und Interview-Podcast *Mutausbrüche*
Hier gibt es etwas auf die Ohren. Über den QR-Code geht es 1. zum »What if? Mutausbruch-Podcast« und 2. zu den »Mutausbrüche Podcast-Interviews«.

QR-Code Portfolio
Lust auf noch mehr Mut? Hier gelangen Sie zu Sparrings-, Beratungs- und Vortragsangeboten, online – offline – hybrid.

Auszüge aus dem aktuellen Vortragsangebot
- *Man sollte viel öfter einen Mutausbruch haben. Zukunftskompetenz Mut*
- *Alle reden über Krise, wir über Mut*
- *Fehler in Kultur. Vom Mut zum Verfehlen*

Weitere Angebote

Impulstage, Workshops und Mut-Hackathons:
- *Mut zum Change. Veränderungen in einer VUKA Welt mutig gestalten*
- *Mut zur Führung. Schlüsselkompetenz in Wandelzeiten*
- *Mut zum Fehler. Fehlerkultur statt Fehlermanagement*
- *Mut, du selbst zu sein: selbstbewusst – verletzlich – stark*

Follow me: Social-Media

LinkedIn

Xing

Instagram

Twitter

Youtube

Kontakt zur Autorin:
Ich liebe kurze Wege. Ob Feedback, Impulse oder Anfragen, Sie erreichen mich hier:

Simone Gerwers
Sparringspartnerin für Management & Führung – Impulsgeberin
Bloggerin & Podcasterin zum Thema *Mut zur Veränderung*
Initiatorin der Mutusbrüche
https://simone-gerwers.de

Bildnachweis:
karlmanfred-lueneburg.com

DIE AUTORIN

Simone Gerwers ist Diplom-Wirtschaftswissenschaftlerin und Sparringspartnerin für Management und Führung im Wandel. Mit ihrem Beratungsunternehmen *coaching4change* begleitet sie seit über 12 Jahren Führungskräfte, Manager und Unternehmen mit Executive Coaching, Beratung und Training. Sie hält Vorträge, bloggt und podcastet zum Thema Veränderung mit dem Schwerpunkt »Mut«. Ihr Credo: »Man sollte viel öfter einen Mutausbruch haben.« 2016 hat sie dazu das Projekt »Mutausbrüche – eine Initiative für mehr Mut« ins Leben gerufen. Die Mutausbrüche sind eine Anstiftung zu mehr Mut im Leben, bei der Arbeit, in der Gesellschaft und stoßen in der Öffentlichkeit auf große Resonanz. Mehr Infos unter: *www.simone-gerwers.de*